KB138981

과학이슈 하이라이트

태양계와 지구

과학이슈 하이라이트 Vol.06

태양계와 지구

개정판 1쇄 발행 2023년 6월 10일

글쓴이	과학동아 편집부
펴낸이	이경민

펴낸곳	㈜동아엠앤비
출판등록	2014년 3월 28일(제25100-2014-000025호)
주소	(03972) 서울특별시 마포구 월드컵북로22길 21, 2층
홈페이지	www.dongamnb.com
전화	(편집) 02-392-6901 (마케팅) 02-392-6900
팩스	02-392-6902
이메일	damnb0401@naver.com
SNS	🅕 🅞 🅑

ISBN 979-11-6363-664-9 (43440)

태양계와 지구

SOLAR SYSTEM & EARTH

과학동아 편집부 지음

동아엠앤비

과학이슈 하이라이트는 최신 과학이슈를 엄선하여 기초적인 지식에서 최근 연구 동향에 이르기까지 상세한 설명과 풍부한 시각 자료로 '더 깊게, 더 넓게, 더 쉽게' 전달하는 화보 느낌의 교양 도서이다.

이번 주제는 우리가 살고 있는 별 지구가 속해 있는 천체 '태양계'이다. 태양계는 항성 태양과 그 중력 아래에 있는 다양한 행성, 위성, 왜소행성, 소행성 등으로 이루어져 있다. 그중에서 유명한 것이 고체 행성 수성, 금성, 지구, 화성과 유체 행성 목성, 토성, 천왕성, 해왕성일 것이다.

본문에서 더 자세히 다루겠지만 생물이 살아갈 수 있는 에너지를 주는 태양, 이름과 달리 지옥처럼 뜨거운 수성, 공전과 자전이 거꾸로인 금성, 인류가 살아가고 있는 지구, 사막으로 덮인 화성, 태양계에서 가장 큰 행성 목성, 아름다운 고리를 두르고 있는 토성, 기묘하게 누운 천왕성, 강풍이 몰아치는 해왕성 등 각각의 별은 저마다의 특징을 지니고 있다.

태양계가 어떤 과정을 거쳐 지금의 모습이 됐는지 알아보기 위해 미국항공우주국(NASA)이나 유럽우주국(ESA)은 수십 년에 걸쳐 여러 탐사선을 보내 정보를 수집했다. 그 결과 행성과 위성, 소행성 같은 태양계 천체들의 비밀이 하나둘 벗겨지고 있다. 이 책에서는 과학의 힘으로 알아낸 태양계 식구들의 신비로운 모습을 보여 준다.

여기에 더해 태양계의 미래와 수명에 대해서도 상세히 설명해 주고 있다. 물론 50억 년 후라는 상상조차 힘든 까마득한 미래의 일이겠지만 언젠가는 태양이 적색거성이 되어 태양계의 다른 행성들을 대부분 흡수해 버리는 날도 올 것이다. 이렇듯 태양이 나이를 먹어 가면 지구에는 어떤 변화가 발생할 것인지 태양계 최후의 날을 상상해 다루었다.

그리고 이러한 미래에 대비해 우리는 어떤 준비를 해야 하는지 목표와 과정에 대해서도 언급한다. 2018년에 작고한 천재 물리학자 스티븐 호킹 박사는 일찍이 "인류가 오랜 기간 생존하기 위해서는 행성 하나에만 머물러서는 안 된다. 소행성 충돌이나 핵전쟁 같은 재앙으로 인해 인류가 멸망할 수 있다."며 이에 대비해 "인류가 우주로 퍼져 나가 지구 이외의 개척지를 확립해야 한다."라고 경고한 바 있다. 제2의 지구를 찾기 위해 어떤 과학적 연구가 더해지고 있는지도 알아보자.

35년간 발행된 〈과학동아〉의 노하우를 집약해 담은 과학이슈 하이라이트 Vol.6《태양계와 지구》. 이공계 출신의 과학전문기자와 현직 과학자로 구성된 집필진이 이 주제를 다각도로 설명하기 위해 물리, 화학, 생물, 지구과학이라는 기존의 과학 교과 간 장벽을 과감히 없애고 통합적으로 구성했다. 중고등학생들의 눈높이에 맞춘 다양한 과학 현장의 사진과 그래픽으로 복원한 우주의 모습을 깨끗한 화질의 화보로 담아내었다. 최근의 연구결과를 반영하여 태양계와 지구의 신비로운 모습을 생생하게 전달하고 있다.

편집부

목 차

[I] 태양계의 형성

대부분의 문화권에는 천지창조 신화가 있다. 하늘과 땅은 어떻게
탄생했으며, 천체는 어떻게 태어나 천공을 떠도는가 하는 이야기다.
경험과 사고를 통해 인간의 지혜가 늘어나고 관측 기술이 발달하면서 신화
속의 내용은 구체적으로 밝혀지기 시작했다. 한때는 지구를 중심으로 천체가
돈다는 천동설을 믿었지만 행성의 운행을 자세히 관측하면서 천체가
태양 주위로 회전한다는 지동설이 나왔다. 코페르니쿠스는 모든 행성이
태양 주위를 돈다는 것을 알아냈고, 케플러는 행성들이 태양 주위를 어떻게
도는지 설명했으며, 뉴턴은 행성이 왜 태양 주위를 도는지를 이론적으로
설명했다. 태양과 행성이 어떻게 형성됐는지를 설명하고,
이를 통해 현재 천체의 운동을 이해하려는 시도는 꾸준히 있었다.
이에 대해 최초로 과학적 설명을 한 사람은 철학자 엠마뉴엘 칸트다.
뉴턴의 역학에 심취했던 칸트는 '일반 자연사와 천체이론'이란 제목의
학위논문을 쓸 정도로 천문학에 관심이 많았다.
그는 1755년에 뉴턴의 만유인력법칙을 적용해 태양계가 어떻게
형성됐는가를 보이는 성운설을 제안했다.

태양계의 형성

● 행성은 어떻게 만들어졌나

태양과 행성은 동시에 생겼을까

칸트는 태양계가 만들어지기 전에 그 곳에 회전하는 납작한 원반모양의 성운이 있었다고 가정했다. 가스와 먼지로 이루어진 성운에서 입자들은 서로 끌어당기는 힘(인력)을 통해 모이게 된다. 밀도가 짙은 지역에서는 주위의 물질을 더 강하게 끌어들여 큰 덩어리를 만들면서 태양과 행성이 생긴다.

성운의 중심부는 밀도가 아주 높아 강한 인력으로 대부분의 성운 물질을 끌어들여 태양을 탄생시킨다. 행성들은 태양의 강한 인력에 묶여 밖으로 달아나지 못하고 태양 주위를 계속 돈다. 이때 회전 방향은 초기 원시성운의 회전 방향과 같다. 이와 같은 성운설에 따르자면 태양과 행성은 거의 같은 시기에 탄생했다.

한편 1796년 프랑스의 수학자 피에르시몽 라플라스는 칸트의 성운설을 기본으로 회전체 내에서 발생하는 원심력을 고려해 새로운 가설을 세웠다. 초기에 회전하는 납작한 성운에서 인력으로 인해 안쪽 지역에는 물질이 많이 모여 밀도가 매우 높아지고 바깥 지역에서는 밀도가 낮아진다. 성운이 계속 수축할수록 밀도 차이는 커진다. 안쪽 물질이 계속해서 끌어당기면서 바깥쪽 물질은 더욱 빠른 속도로 회전하게 된다. 이때 회전으로 생기는 원심력이 안쪽 물질을 끌어당기는 인력과 크기가 같아지면 더 이상 물질은 안으로 당겨지지 않고 고리형태로 물질이 분포하는 띠가 생긴다. 이렇게 되면 고리에 있는 물질이 서서히 응축돼 하나의 행성이 탄생된다.

이처럼 회전에 의한 원심력 때문에 성운 바깥쪽에서 안쪽으로 들어가면서 차례로 고리가 만들어지고, 이 고리에서 행성이 차례로 만들어졌다는 것이 라플라스의 성운설이다. 칸트의 성운설과 근본이 같기 때문에 이들을 합쳐 '칸트-리플리스 성운설'이리 한다. 대양과 행성의 동시 탄생을 주장하므

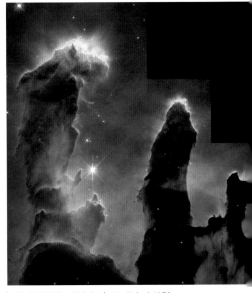

별이 탄생하는 성간가스(M16, 독수리 성운).
태양과 행성들도 이러한 성간가스에서 만들어진 것으로 추측된다.

로 '동시 생성론'이라고도 한다.

이들 성운설은 이해하기 쉽고 그럴싸한 설명이다. 그러나 지금까지 정밀 관측으로 밝혀진 행성들의 구성 성분이나 형태의 차이를 설명하지 못하는 약점이 있다. 칸트나 라플라스의 시대에는 행성에 대한 정밀한 정보가 알려져 있지 않았기

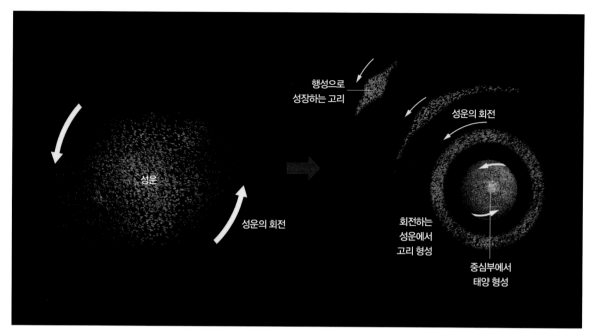

칸트-라플라스 성운설
성운이 회전하면서 인력과 원심력이 같아지는 곳에서
고리가 형성되고 고리에서 행성이 만들어진다.

때문이다. 하나의 예로 질량이 큰 목성과 토성 같은 가스행성과 지구나 화성 같은 암석행성이 조성이나 물리적 성질 면에서 완전히 다르다는 점은 기원이 다르다는 사실을 암시한다.

20세기 들어 태양계에 대한 정보가 쌓이면서 태양이 먼저 생기고 난 다음 주위의 행성들이 생겼다는 '비동시 생성론'이 대두됐다. 1900년대 초반 미국의 천문학자 토마스 챔벌린과 포레스트 몰튼은 두 개의 천체가 조석력에 의해 물질이 섞이면서 행성계가 생겨났다는 조석설을 제기했다.

태양 가까이 다른 별이 지나갈 때 태양과 이 천체 사이에 강한 조석력이 미쳐 각 천체로부터 물질이 방출된다. 이런 현상은 달의 조석력 때문에 지상의 바닷물이 달을 향한 쪽과 그 반대쪽에 모여드는 것과 같은 이치다. 이렇게 방출된 물질은 태양 주위에 분포한 뒤 이로부터 행성들이 형성됐다고 본다.

한편 영국의 천문학자 레이몬드 리틀턴 같은 학자는 원래 태양이 다른 별과 함께 쌍성을 이루고 있었는데, 다른 별이 이 쌍성 가까이 지나면서 태양의 동반성을 떼어 갔다고 보았다. 이 과정에서 강한 조석력이 미쳤고, 이때 태양에서 방출된 물질에서 행성들이 탄생했다고 보았다. 리틀턴은 밤하늘의 수많은 별들이 쌍성을 이루고 있다는 관측 사실로부터 태양도 처음에는 쌍성이었을 수 있다는 가정을 내놓았다.

조석설의 가장 큰 약점은 행성의 물질구성을 설명할 수 없다는 점이다. 조석설은 행성을 이루는 물질이 태양에서 나온 것으로 보는데, 행성을 구성하는 물질은 수소와 헬륨 등 가벼운 원소보다는 철, 규소 등 무거운 원소들이 대부분이다. 또한 뜨거운 태양에서 방출된 물질은 온도가 매우 높을 텐데, 이로부터 어떻게 행성들이 형성됐는가도 의문이다. 다른 학자들은 조석작용으로 태양에서 방출된 물질이 목성 너머 멀리까지 뻗쳐 나가기는 불가능하다고 본다.

또한 중수소나 리튬 같은 가벼운 원소는 뜨거운 태양에서 쉽게 파괴되므로 태양에서 방출된 물질에서 형성된 행성에서도 이러한 원소의 함량이 매우 적어야 한다. 그러나 실제 관측치는 그렇지 않아 행성의 구성성분이나 나이를 고려할 때 조석설로 태양계 기원을 설명하기는 어렵다.

1944년 옛 소련의 오토 슈미트는 태양이 밀집한 성간물질 속을 지나면서 태양 주위로 많은 성간물질을 끌어들여 이로부터 행성들이 만들어졌다고 제안했다. 이와 같은 조석설이나 응집설 등 비동시 생성론에 따르면 태양이 생긴 이후에 행성이 형성되므로 행성의 나이는 태양보다 적어야 한다. 그러나 여러 관측 자료에 의하면 태양과 행성들의 나이는 약 46억 년으로 같다. 따라서 비동시 생성론으로는 태양계 기원을 설명할 수 없다.

● 행성은 어떻게 만들어졌나

미완의 시나리오,
현대 태양계 기원론

지구에 떨어진 가장 오래된 운석의 나이는 태양과 같은 46억 년이다. 이는 태양계의 구성원들이 모두 함께 형성됐다는 증거다.

오늘날에는 태양계 탐사선이 행성과 위성표면에 착륙하거나 그 주위를 선회하고 또 가까이 통과하면서 조사한 탐사자료가 많이 축적되고 있다. 이들 자료는 지상관측에서 얻을 수 없는 상세하고 정밀한 것으로 태양계 기원을 설명하는 데 매우 귀중하게 쓰인다. 앞서 살펴본 태양계의 특성들도 이러한 현지 탐사로 더욱 자세히 밝혀지고 있다. 이 자료를 토대로 한 현대 태양계 기원론을 살펴보면 행성들이 원시성운 물질의 단순한 중력 수축으로 이루어진 것이 아니라 작은 미행성들이 먼저 만들어진 뒤 이들의 충돌·결합 과정을 통해 행성으로 성장했다는 '미행성 성운설'이 설득력 있게 제기되고 있다. 이 기원론을 4단계로 나누어 살펴보자.

❶ 원시성운 수축 : 47억~46억 년 전에 거대한 분자구름에서 원시태양계 성운이 분리됐다. 이 성운은 오랫동안 공간을 돌아다니다가 주위의 초신성이 폭발할 때 나온 무거운 원소에 오염되기도 했다.

초기에 회전하던 원시성운은 자체 중력으로 점차 수축해 물질이 안쪽으로 모여들면서 회전속도가 빨라지고 납작해진다. 성운 안쪽의 물질은 중심부로 수축하면서 온도를 높이고 또 안쪽 물질의 강한 인력 때문에 바깥쪽 물질은 더 빠르게 회전하면서 점차 납작한 원반을 이룬다. 성운 총질량의 90% 정도는 가스이고, 10% 정도는 티끌이다. 총가스량의 약 73%는 수소이고, 약 25%는 헬륨, 약 2%는 헬륨보다 무거운 원소로 이루어졌다.

한편 성운 중심부에서는 급격한 밀도 증가에 따른 빠른 중력수축(중력붕괴)으로 빛을 내는 원시태양이 탄생된다. 이러한 원시성운의 수축 단계는 약 1000만 년간 지속된다.

❷ 미행성 형성 : 원시성운이 계속 수축하면서 회전원반은 더욱 납작해지며 회전속도는 더 빨라진다. 태양의 강한 열과 복사압으로 안쪽 성운물질에서 가벼운 원소들은 온도가 낮은 바깥쪽으로 밀려난다.

그래서 안쪽 지역의 원반물질에서 무거운 원소가 상대적으로 많아진다. 원반물질은 원반 중앙면으로 내려오면서 수축된다. 이때 밀도가 짙은 지역에서는 먼지입자들이 서로 엉겨 붙어 커지면서 큰 덩어리로 성장한다. 이러한 물질덩이가 많아질

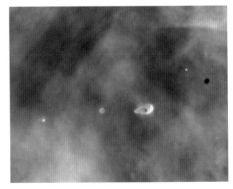

허블우주망원경이 찍은 오리온 성운의 일부. 노란색 부분이 별이 형성되고 있는 곳이다. 별 주위로 가스가 둘러싸고 있는 모습이 보인다. 여기서 행성이 생길 가능성이 있다.

수성　금성　지구　화성　목성　토성　천왕성　해왕성　행성

왜행성　명왕성　하우메아　마케마케　에리스

태양계를 이루고 있는
행성과 주요 왜행성.

수록 원반수축이 더 빨라지면서 큰 물질덩이가 더 많이 생기게 된다.

한편 물질덩이 속에 들어있는 방사성 물질이 붕괴하면서 방출한 열로 입자덩이가 녹거나 증발하는 열적 변화가 생긴다. 이 과정에서 원시물질의 성분이 변하게 된다. 물질덩이가 수cm～수m 크기로 성장하면서 서로 충돌결합이 일어나면 물질덩이는 더 빠르게 커져 약 1만 년 뒤에 수km 크기로 성장한다. 이처럼 크기가 수m～수km에 이르는 초기원시 물체를 미행성이라 부른다. 이런 미행성의 형성단계는 10만 년～100만 년 동안 지속된다.

❸ 행성 형성 : 태양 가까운 원반에서는 높은 태양열과 복사압 때문에 가스성분이 결핍된 미행성들의 충돌결합으로 암석질의 암석행성이 형성됐다. 태양에서 5AU(천문단위, 1AU는 태양과 지구 사이의 평균 거리로 약 1억 5000만km) 떨어진 목성 정도 거리에서는 온도가 낮아 원반 내의 물이 얼음으로 남게 된다. 얼음은 주위 물질이 쉽게 달라붙는 촉매 역할을 해 미행성을 빠르게 끌어 모아 가장 질량이 큰 목성이 먼저 생기고, 뒤에 토성이 형성됐다.

화성과 목성 사이에 수많은 작은 소행성들이 존재하는데, 이들이 초기에 충돌 결합으로 큰 행성을 이룰 수 없었던 이유는 목성의 강한 인력이 미처 자체적인 중력결합을 방해했기 때문이다.

태양에서 10AU～30AU만큼 멀리 떨어진 지역에서는 온도가 영하 190℃이하로 낮기 때문에 암모니아와 메탄이 고체얼음상태로 존재할 수 있었다(암모니아의 용융온도는 영하 78℃, 메탄의 용융온도는 영하 183℃). 이들에 의해 효과적으로 주위 물질이 흡착됐기 때문에 질량이 큰 천왕성과 해왕성의 얼음행성이 형성됐다. 원반 내에서 행성들이 형성된 기간은 1000만 년～1억 년이다.

❹ 성운 분산 : 행성이 생긴 뒤 그 주위에 남아 있는 얼음 성분의 미행성에서 위성들이 형성됐다. 그리고 남은 미행성들 중에서 대부분은 행성들의 섭동으로 해왕성 바깥쪽으로 밀려나 카이퍼 벨트와 오르트 구름을 이루고 있다. 이 미행성이 태양 가까이 지나게 되면 긴 꼬리를 내는 혜성으로 나타난다. 그리고 명왕성은 카이퍼벨트에 들어 있던 큰 미행성으로 짐작된다. 한편 태양계 안쪽으로 들어간 미행성들은 행성과 충돌하면서 행성의 자전축을 변화시키고 또 충돌로 표면층을 심하게 변화시켰다. 행성들은 대부분 자전축이 약간씩 기울어져 있는데, 이는 미행성의 충돌 때문인 것으로 추측된다. 남아있는 미행성들이 분산되는 데 1000만 년～1억 년이 걸렸다.

태양계의 기원을 거칠게 재구성해 보았다. 그러나 태양계는 워낙 복잡하기 때문에 모든 관측사실을 잘 설명할 수 있는 가설은 아직 없다. 최근에 여러 별 주위에서 행성들이 발견되고, 또 태양계의 초기 형성단계와 같은 원반 모습이 관측되고 있다.

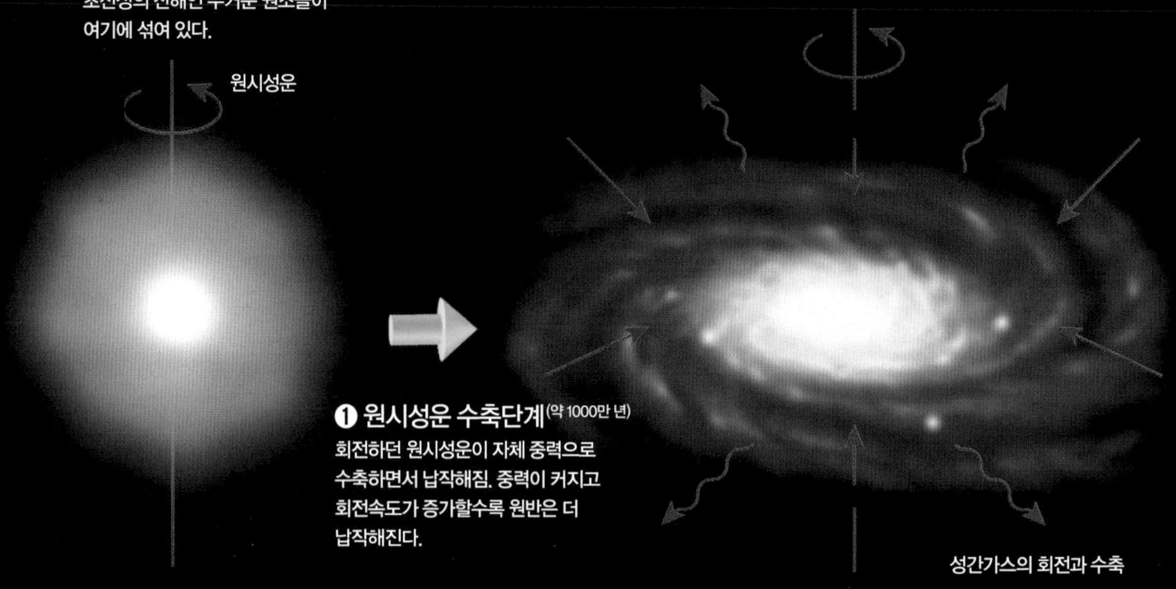

큰 분자구름에서 원시성운 분리.
초신성의 잔해인 무거운 원소들이
여기에 섞여 있다.

원시성운

❶ 원시성운 수축단계(약 1000만 년)
회전하던 원시성운이 자체 중력으로
수축하면서 납작해짐. 중력이 커지고
회전속도가 증가할수록 원반은 더
납작해진다.

성간가스의 회전과 수축

태양계의 형성

행성은 어떻게 만들어졌나

태양계의 형성과 구조

가스원반에서 태양과 함께 형성된 미행성들이 행성으로 성장했다. 중심
에서 떨어진 거리에 따라 온도가 달라져 암석행성, 가스행성, 얼음행성
이 다르게 형성됐다. 성장하지 못한 미행성들이 외곽으로 밀려나 카이
퍼 벨트와 오르트 구름을 만든 것으로 생각된다.

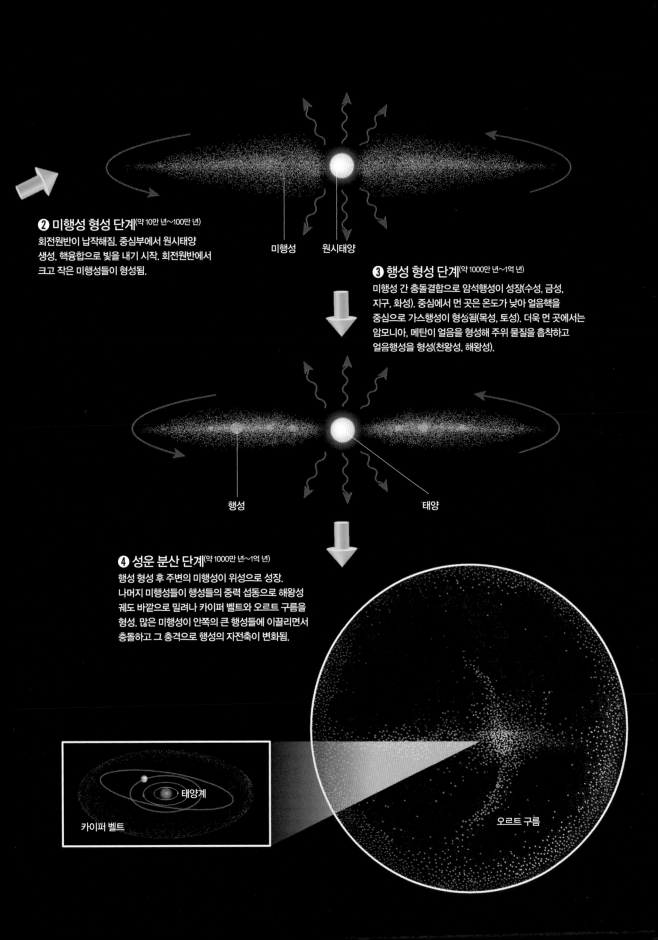

❷ 미행성 형성 단계(약 10만 년~100만 년)
회전원반이 납작해짐. 중심부에서 원시태양
생성. 핵융합으로 빛을 내기 시작. 회전원반에서
크고 작은 미행성들이 형성됨.

미행성   원시태양

❸ 행성 형성 단계(약 1000만 년~1억 년)
미행성 간 충돌결합으로 암석행성이 성장(수성, 금성,
지구, 화성). 중심에서 먼 곳은 온도가 낮아 얼음핵을
중심으로 가스행성이 형성됨(목성, 토성). 더욱 먼 곳에서는
암모니아, 메탄이 얼음을 형성해 주위 물질을 흡착하고
얼음행성을 형성(천왕성, 해왕성).

행성   태양

❹ 성운 분산 단계(약 1000만 년~1억 년)
행성 형성 후 주변의 미행성이 위성으로 성장.
나머지 미행성들이 행성들의 중력 섭동으로 해왕성
궤도 바깥으로 밀려나 카이퍼 벨트와 오르트 구름을
형성. 많은 미행성이 안쪽의 큰 행성들에 이끌리면서
충돌하고 그 충격으로 행성의 자전축이 변화됨.

태양계

카이퍼 벨트

오르트 구름

[Ⅱ] 태양계 식구들

태양계

10. 해왕성

9. 천왕성

8. 토성

7. 목성

6. 화성

태양계 질량의 대부분을 차지하고 있는 태양과 그 주위를 돌고 있는
여러 행성은 마치 한 가족과 같다. 하지만 한 가족이면서도 특징은 제각기 다르다.
우리가 살아갈 수 있는 에너지를 제공해 주는 태양, 지옥처럼 뜨거운 수성, 공전과
자전이 거꾸로인 금성, 유일하게 생명이 있는 지구, 사막 같은 화성, 행성 중에서
가장 큰 목성, 멋진 고리를 뽐내는 토성, 희한하게 누워 있는 천왕성, 아름다운
푸른 구슬 같은 해왕성. 이들의 모습을 자세히 살펴보자.

태양계 탐사선

보이저 1호가 최초로 태양계를 벗어나 성간 공간에 진입했다고 2013년 3월 미국 항공우주국(NASA)이 발표했다. 1959년 소련이 스푸트니크 위성을 우주로 쏘아 올린 후 인류는 수많은 탐사선을 우주로 쏘아 올렸다. 지금도 많은 탐사선이 태양계를 탐사하고 있다.

● 궤도 탐사　■ 착륙 탐사　〉스쳐 지나감　✱ 충돌 탐사

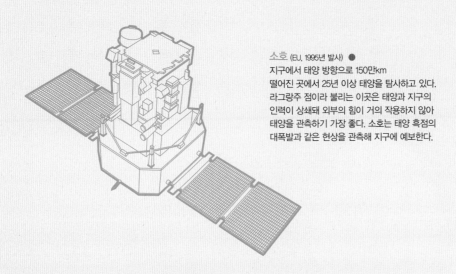

소호 (EU, 1995년 발사) ●
지구에서 태양 방향으로 150만km 떨어진 곳에서 25년 이상 태양을 탐사하고 있다. 라그랑주 점이라 불리는 이곳은 태양과 지구의 인력이 상쇄돼 외부의 힘이 거의 작용하지 않아 태양을 관측하기 가장 좋다. 소호는 태양 흑점의 대폭발과 같은 현상을 관측해 지구에 예보한다.

태양

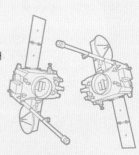

스테레오A, B (미국, 2006년 발사) ●
소호와 마찬가지로 태양 표면의 폭발 활동을 촬영해 지구로 보낸다. 스테레오는 쌍둥이 위성이다. '스테레오A'는 지구 공전궤도의 안쪽에서, '스테레오B'는 지구공전궤도 뒤쪽에서 태양을 중심으로 돌고 있다. 공전주기는 스테레오A가 347일, 스테레오B는 387일이다. 두 개의 위성이 같은 현상을 촬영해 태양의 3D영상을 얻는다. 스테레오B는 2014년에 통신이 끊어졌으나, 스테레오A는 여전히 작동 중이다.

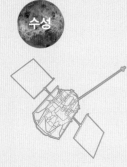

수성

메신저 (미국, 2004년 발사) ●
메신저는 2010년 3월 수성궤도에 올랐다. 수성궤도에 오르기 위해 7년간 태양을 15바퀴 도는 방법으로 수성에 접근했다. 메신저는 수성 탐사를 통해 암석행성이 어떻게 태어났는지를 알려줄 것이다. 2015년 4월에 미션이 종료됐다.

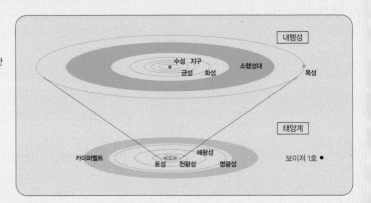

내행성

수성　지구
금성　화성　　　소행성대

목성

태양계

카이퍼벨트

해왕성
토성　천왕성　명왕성

보이저 1호 ●

금성

아카츠키 (일본, 2010년 발사) ●
우주범선 '이카로스'와
함께 발사됐다. 아카츠키는
금성의 화산활동과 대기를 관측하기
위해 금성 궤도를 돌 예정이었다.
하지만 2010년 12월 역분사에 실패해
금성을 지나쳤다. 일본
우주항공개발기구(JAXA)는
아카츠키가 금성 궤도 주변을 돌고
있다고 밝혔다.

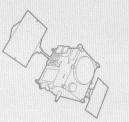

비너스익스프레스 (EU, 2005년 발사) ●
비너스익스프레스는 2006년
금성에 도착해 관측활동을 하다가
2014년 12월 임무를 마쳤다.
비너스익스프레스는 금성 표면에서
화산활동이 이뤄지고 있다는 증거를
보냈다.

화성

마스오디세이 (미국, 2001년 발사) ●
마스오디세이는 화성의 주위를 공전하며
화성의 기후와 지질을 조사하고 있다.
화성 상공에서 지표면의 화학적 성분을
분석하고 물과 얼음의 흔적을 찾았다.
화성에 착륙한 쌍둥이 화성 탐사 로버
스피릿과 오퍼튜니티가 송신하는 자료를
지구에 중계하는 역할도 했다.

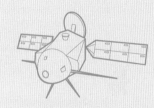

톈원 1호와 주룽 로버 (중국, 2020년 발사) ■
중국 최초의 화성 탐사선. 화성에 궤도선과
착륙선, 탐사 로버(주룽)를 한꺼번에 보냈다.
2021년 5월 톈원 1호가 화성 유토피아 평원에
착륙하면서 미국, 옛소련에 이어 3번째로 화성
착륙에 성공했다. 주룽 로버도 화성 표면에서
탐사를 진행했다.

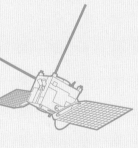

마스익스프레스 (EU, 2003년 발사) ●
EU 최초의 화성탐사선이다. 마스오비터와
화성 착륙선 비글 2호로 구성돼 있었다. 하지만
비글 2호는 착륙 직후 통신이 두절돼 실종됐다.
마스오비터는 화성궤도를 돌며 화성의
남극에서 물 분자가 존재하는 지점을 찾아내
얼음을 촬영하는 데 성공했다.

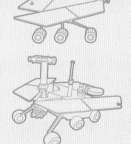

스피릿 로버 (미국, 2003년 발사) ■
오퍼튜니티 로버 (미국, 2003년 발사) ■
미국의 쌍둥이 화성 탐사 로버(로봇 탐사차량)다.
둘은 2004년 3주 간격으로 화성에 착륙했다.
스피릿 로버는 당초 90화성일간 활동할
계획이었지만 실제로는 5년이 넘게 활동했다.
2009년 탐사기가 흙에 빠진 이후 빠져 나오지
못해 정지연구로 전환했다. 2011년 5월 마지막
통신을 마치고 임무를 중료했다. 오퍼튜니티
로버는 90화성일간 활동할 계획이었지만 현재까지
화성 표면에서 활동을 계속하고 있다.

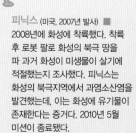

피닉스 (미국, 2007년 발사) ■
2008년에 화성에 착륙했다. 착륙
후 로봇 팔로 화성의 북극 땅을
파 과거 화성이 미생물이 살기에
적절했는지 조사했다. 피닉스는
화성의 북극지역에서 과염소산염을
발견했는데, 이는 화성에 유기물이
존재한다는 증거다. 2010년 5월
미션이 종료됐다.

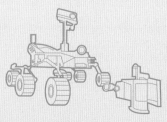

퍼시비어런스 로버 (미국, 2020년 발사) ■
미국항공우주국(NASA)에서 화성에 보낸 다섯
번째 탐사 로버. 2021년 2월 과거에 강물이
흘렀거나 호수가 있었던 것으로 추정되는
예제로 크레이터에 착륙한 뒤, 물과 생명체의
흔적을 탐사하고 있다. 함께 실려 있던 드론 헬기
'인제뉴이티'도 화성 하늘을 비행하는 데 성공했다.

태양계 탐사선

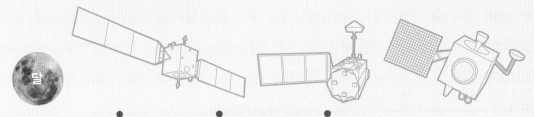

 달

창어 1호 (중국, 2007년 발사), 가구야 1호 (일본, 2007년 발사), 찬드라얀 1호 (인도, 2008년 발사),
창어 2호 (중국, 2010년 발사) ●
중국, 일본, 인도 등 아시아 국가도 달 탐사에 뛰어들고 있다. 중국은 창어 1호와 창어 2호를
달 궤도에 진입시킨 뒤 창어 3호(2013년)와 창어 4호(2019년), 창어 5호(2020년)를 달에
착륙시키는 데 성공했다. 특히 창어 4호는 인류 최초로 달 뒷면에 착륙했으며, 창어 5호는
달 표면 샘플을 갖고 지구로 귀환했다. 일본은 가구야(셀레네) 1호를, 인도는 찬드라얀 1호와
2호(2019년)를 달 궤도에 진입시켰다. 한국은 국산 기술로 2022년 달 궤도선을, 2030년 달
착륙선을 발사할 계획을 세운 바 있다.

달정찰궤도위성 (LRO, 미국, 2009년 발사) ●
미국이 '루나 프로스펙터' 이후 10년 만에 보낸
달 탐사 위성이다. '달분화구탐사선(LCROSS)'와
함께 달로 보냈다. LRO는 최근 달궤도
우주선레이저 고도계측기로 3D 디지털 달
지도를 제작했다.

아르테미스 계획
2017년 시작돼 미국, 유럽, 일본, 한국
등이 참여하는 유인 달 탐사 계획이다.
2024년 최초의 여성 우주인을 달에
보내고, 2028년까지 달에 지속 가능한
유인 기지를 건설하려는 목표를 갖고
있다. 국제 협력을 통해 달 궤도에
'루나 게이트웨이'라는 우주정거장도
건설한다.

토성

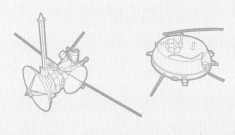

카시니-하위헌스 (미국 · EU, 1997년 발사) ●
카시니 탐사선과 하위헌스 착륙선으로 구성됐다.
2004년 7월 토성궤도에 진입했다. 카시니는 토성
주위를 공전하는 첫 탐사선이며, 하위헌스는 토성의
가장 큰 위성인 타이탄에 착륙했다. 하위헌스는
타이탄에 진입한 뒤 착륙하기까지 타이탄의
자료를 지구로 보냈다. 카시니의 임무종료 예정은
2008년이었지만 예상을 뛰어넘어 2017년까지 토성과
토성의 위성을 탐사했다.

명왕성

뉴호라이즌스 (미국, 2006년 발사) ❯
태양계 왜소행성 명왕성과 위성 카론, 해왕성과
명왕성 궤도 넘어 수천 개의 소천체가 분포해 있는
카이퍼벨트를 탐사했다. 2015년 7월 14일 명왕성에
가장 가까이 다가갔으며, 이때를 전후해 명왕성
표면의 성질과 온도, 대기 등에 대한 자료를
수집했다. 2019년 1월 1일 카이퍼벨트에 있는
울티마 툴레에 접근했다. 울티마 툴레는 지구에서
약 65억 km 떨어져 있다.

소행성

하야부사 (일본, 2003년 발사) ■
달 이외의 천체를 왕복한 최초의 탐사선이다.
하야부사는 지름 500m의 소행성 이토카와에
착륙한 뒤 2010년 지구로 귀환하며 지구
대기에서 불탔다. 실제 착륙한 시간은 2초에
불과하지만 소행성의 파편을 채집캡슐에
모아 지구에 전달했다. 일본은 2014년
하야부사 2호를 발사해 소행성 '류구'에
접근한 뒤 2차례 포탄을 쏘아 표면 아래
시료를 채취하고 2021년 7월 지구로
가져왔다.

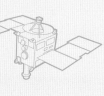

던 (미국, 2007년 발사) ❯
던은 소행성대에 있는 왜행성 베스타와
세레스 탐사선이다. 2011년 7월
베스타에 도착했으며, 2015년 3월에는
세레스에 도착했다. 베스타와 세레스는
소행성보다 크고 행성보다 작은
왜소행성으로 지금껏 가까이서 관측된
적이 없다.

혜성

에폭시 (미국, 2005년 발사, 하틀리2 관측) ✳   **로제타** (EU, 2004년 발사, 루테시아, 추류모프 게라시멘코 관측) ❯

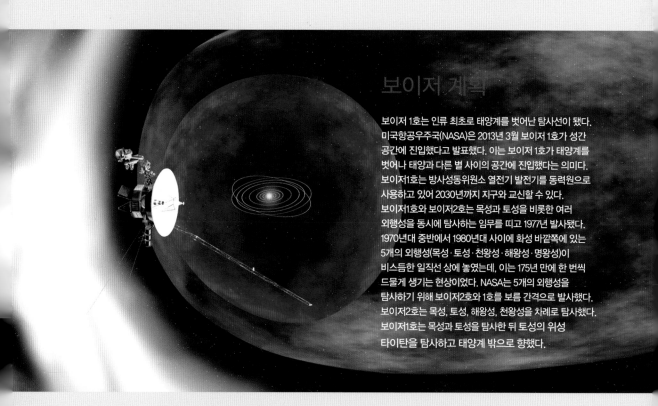

보이저 계획

보이저 1호는 인류 최초로 태양계를 벗어난 탐사선이 됐다.
미국항공우주국(NASA)은 2013년 3월 보이저 1호가 성간
공간에 진입했다고 발표했다. 이는 보이저 1호가 태양계를
벗어나 태양과 다른 별 사이의 공간에 진입했다는 의미다.
보이저 1호는 방사성동위원소 열전기 발전기를 동력원으로
사용하고 있어 2030년까지 지구와 교신할 수 있다.
보이저 1호와 보이저 2호는 목성과 토성을 비롯한 여러
외행성을 동시에 탐사하는 임무를 띠고 1977년 발사됐다.
1970년대 중반에서 1980년대 사이에 화성 바깥쪽에 있는
5개의 외행성(목성·토성·천왕성·해왕성·명왕성)이
비스듬한 일직선 상에 놓였는데, 이는 175년 만에 한 번씩
드물게 생기는 현상이었다. NASA는 5개의 외행성을
탐사하기 위해 보이저 2호와 1호를 보름 간격으로 발사했다.
보이저 2호는 목성, 토성, 해왕성, 천왕성을 차례로 탐사했다.
보이저 1호는 목성과 토성을 탐사한 뒤 토성의 위성
타이탄을 탐사하고 태양계 밖으로 향했다.

● 1. 태양은 우리에게 무엇인가?

신을 상징했던 태양

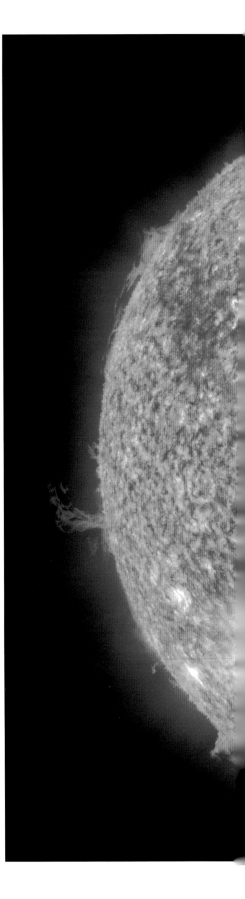

이규보의 '동국이상국집'의 동명왕 신화에서 우리나라 태양신화의 원형을 발견할 수 있다. 고구려의 시조 동명성왕인 주몽의 아버지 해모수는 천신을 겸한 태양신의 모습이었다. 그는 날마다 오룡거를 타고 아침에 지상으로 내려와 정사를 보살피고, 저녁에는 다시 하늘로 되돌아갔다. 하루 동안의 그의 거동이 태양 운행이었던 것이다.

'삼국유사'의 연오랑과 세오녀 또한 태양신이었다. 신라 아달라왕 4년에 이 부부는 동해 바닷가에 살고 있었다. 어느 날 부부는 바위에 실려 가 일본의 왕과 왕비가 되었다. 그러자 신라에서는 해와 달이 빛을 잃어 온 세상이 캄캄해졌다. 해와 달의 정령인 연오랑과 세오녀가 사라졌기 때문이다. 신라왕의 간청으로 세오녀가 일월의 정기를 모아서 짠 비단을 받아다 제사를 올리니 해와 달이 다시 밝아졌다. 우리 민족은 전통 회화에서 십장생의 하나로 태양을 그릴 만큼 그 영원성을 숭배했다. 태극기의 중앙 태극은 태양의 형상이기도 하며, 중국, 일본의 국기에도 모두 빛과 영원성을 상징하는 태양이 들어 있다.

그리스 신화의 태양신 아폴론은 하루에 한 번씩 불마차를 이끌고 하늘을 달려가는 모습이 해모수와 완전히 닮았다. 고대 바빌론에서는 왕이 곧 태양이었고, 잉카제국과 이집트의 왕은 태양의 아들이었다.

유럽 절대왕정 시대의 루이 14세 또한 자신을 태양왕이라고 칭했다. 기독교인들에게 태양은 숭배의 대상은 아니었지만 신의 완전함을 보여 주는 상징물로는 충분했다. 태양은 하늘에 있는 그 어떤 천체보다도 완벽해 보였기 때문이다. 태양은 여호와의 창조 능력을 상징했고, 성스러운 주의 날은 태양의 날(Sunday)이었다.

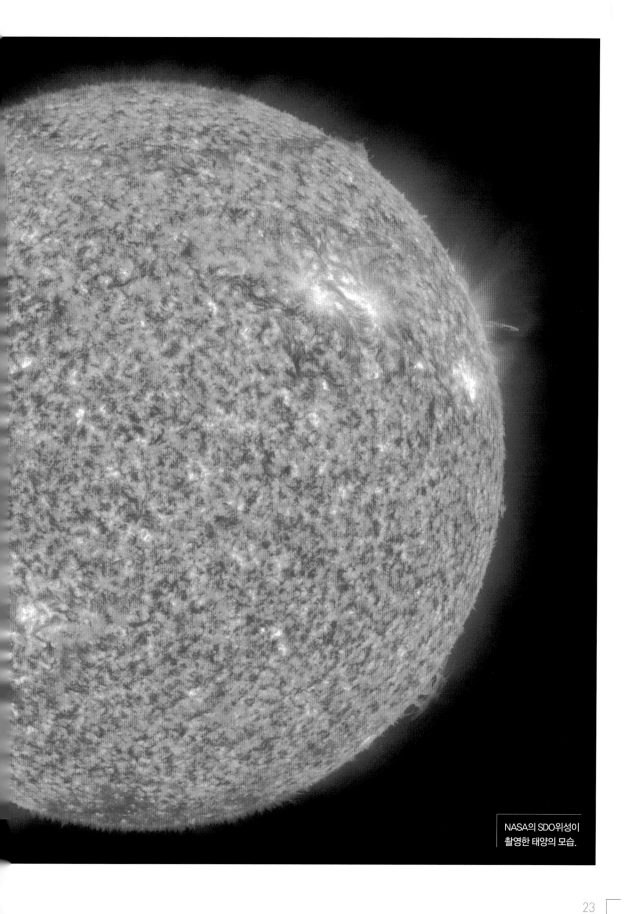

NASA의 SDO위성이
촬영한 태양의 모습.

태양

● 1. 태양은 우리에게 무엇인가?

완전한 세계, 태양

고대 그리스의 아리스타르코스는 기원전 270년경 처음으로 태양까지의 거리를 계산했다. 그는 태양까지의 거리가 적어도 수백만km 이상이어야 하고 태양의 지름은 지구 지름의 7배쯤이라고 결론 내렸다. 아리스타르코스의 계산은 비록 오늘날 얻은 값과 비교하면 터무니없었지만, 그는 이 과정에서 당시 사람들의 일반적인 생각과는 달리 지구가 태양의 둘레를 돈다는 사실을 깨달았다. 하지만 그의 계산과 주장에 귀를 기울이는 사람은 없었고, 그의 주장은 곧 잊혀졌다.

왜냐하면 지구의 운동은 느낄 수 없었고, 사람들은 태양이 완전한 천상계에 속한다고 굳게 믿었기 때문이다. 태양은 숭배의 대상일 뿐 탐구의 대상일 수 없었다. 달 아래의 지상계는 변화하는 불완전한 세계였지만 천상계는 변화가 없는 완전한 세계였다. 그 천상에서 태양은 완전성을 보여 주는 신의 모습이었다.

아리스토텔레스에 의해 과학적으로 치장된 천상과 지상의 이분법은 과학 혁명이 일어날 때까지 2000년 동안이나 서양문화를 지배했다. 누구도 천상의 존재를 탐구의 대상으로 삼지 않았으며 태양은 한 번도 인간의 불경을 입지 않은 신성을 유지할 수 있었다.

1611년 예수회 신부이자 수학자인 크리스토프 샤프너는 태양의 흑점을 처음으로 관찰했다. 그는 망원경으로 흑점을 관측하고, 처음에는 흑점이 태양 표면에 있다고 확신했다. 그러나 가장 영광스런 태양에 검은 점이 있다고 주장하는 것은 용서받을 수 없는 죄악이었다. 샤프너는 흑점이 태양 표면에 있지 않고 태양 가까이에서 태양 주위를 도는 물체라고 수정했다. 태양은 그만큼 완전해야 하는 존재였다.

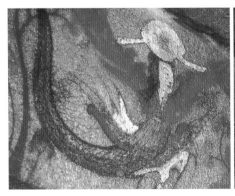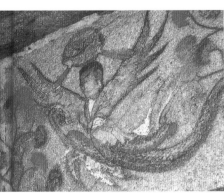

태양신과 달신
중국 집안시에 있는 고구려 고분벽화에 그려진 태양신(오른쪽)과 달신(왼쪽). 태양신은 붉은 태양을 이고 있는 남신이고 달신은 흰달을 이고 있는 여신이다.

태양이 인간의 지혜와 삶에 연결돼 있
으며, 태양이 거대한 자연의 일부라는
생각은 사상의 중심부가 아닌 주변부
에서 맴돌았다. 헤르메스주의, 그노시
스주의처럼 자연이 신비한 그물망으로
로 연결돼 있다고 믿는 사상이 있었다.
그들은 태양이 우주의 중심으로서 에너
지의 원천이며 지혜의 원천이라고 믿었다.
심장은 인간 생명의 중심이다. 마찬가지로 태
양은 우주의 중심이다.

우주의 에너지가 뻗어 나오는 태양과 생체의
에너지가 나가는 심장은 서로 교감하는 존재였
다. 생명의 원천으로서 태양과 심장이 합쳐지면
대우주와 소우주의 중심, 하늘과 인간의 영적인
교감이 가능했다. 단테는 "태양은 눈에 보이는 생
명 중에서 가장 먼저 자신을 비추고 그 다음에 천
상과 지상의 모든 것을 비춘다"고 했다.

우주의 힘, 부동의 존재를 믿었던 사람에게
우주의 중심은 당연히 태양이었다. 그리고 지구

▲고대 이집트의 태양신
하루 동안의 태양 운행을
배를 타고 움직이는
태양신으로 묘사했다.

◀중세의 우주도
우주의 모든 에너지가
태양으로부터 뻗어
나온다는 생각이
표현돼 있다.

는 태양 주위를 돌면서 태양으로부터 에너지를 얻는 존재였다. 1453년 코페
르니쿠스는 그의 책 '천구의 회전에 관하여'에서 드디어 세상의 뒤쪽에서만
인정되던 태양의 지위를 세상에 선언했다. 태양은 우주의 움직이지 않는 중
심이며, 모든 천체는 태양을 중심으로 돈다고 역설했다. 2000년의 믿음에
배반하는 혁명적인 주장이었지만, 한번 등장하고 나자 태양의 힘은 강하게
퍼져 나갔다. 과학혁명기 동안 지구중심설을 숭배하던 많은 사람들이 태양
중심설로 개종했고, 태양은 움직이지 않는 우주의 중심으로서 자신의 자리
를 굳혀갔다.

1. 태양은 우리에게 무엇인가?

생명체의 근원 에너지

태양중심설로 태양이 우주의
중심임을 주장한 코페르니쿠스.

태양이 자신의 자리를 찾으면서 의미 또한 달라
졌다. 태양은 이제 완전성이나 신성보다는 실제
적인 의미가 중요한 존재가 됐다. 이때부터 태양은
숭배가 아니라 이해의 대상이자 탐구의 대상이 되
었다.

1610년 갈릴레이는 태양의 "흑점은 반드시 태
양 표면에 있는 것"이라고 주장했다. 그는 망원경
을 사용해 동틀 무렵 태양원반에 검은 점이 있음을
관측했다. 또한 검은 점이 표면에서 이동하는 것을
관측함으로써 흑점이 태양표면의 일부이며 이들
이 25일을 주기로 회전한다고 증명했다. 태양의 완
전성은 이제 옛 이야기가 된 것이다.

또한 뉴턴은 태양이 지상에는 없는 제5원소인
에테르로 만들어진 순수한 천체라는 믿음을 깨뜨
렸다. 뉴턴은 태양이 질량을 가진 천체이고, 태양
이 미치는 중력이 행성의 궤도운동을 이끄는 원
동력이라고 밝혔다.

당시 사람들은 태양이 순수한 물질로 만들어진
질량이 없는 천체라고 믿었다. 하지만 뉴턴은 지
구가 강한 태양의 인력에 붙들려 있으며, 태양이
그처럼 강한 인력을 갖기 위해서는 질량을 가져
야 한다고 확실히 밝혔다. 계산 결과 태양은 지구

◀뉴턴의 프리즘 실험은 태양의 백색광이 더 이상 천상의 빛이 아님을 밝혀주었다.

▼태양은 인간을 포함한 지구상의 모든 생명체에 생명력을 공급하는 에너지의 심장이다. 사진은 개기일식이 진행되는 도중의 모습.

보다 33만 배나 무거웠다.

태양은 그것이 발하는 가장 순수한 빛(백색광)으로 인해 오랫동안 숭배의 대상이었다. 인간은 어떠한 경우에도 백색광을 만들 수 없었다. 나무나 연료들을 태울 때 생기는 불꽃은 붉은색이거나 주황색, 또는 노란색이다. 인간의 빛은 태양에서 나오는 신성한 하늘의 빛과는 질적으로 달랐다. 1665년 뉴턴은 프리즘을 통해 태양의 백색광이 순수한 광선이 아니라 여러 가지 색의 빛이 섞여서 만들어졌다고 밝힘으로써 태양의 빛이 더 이상 순수한 천상의 빛이 아니라는 사실을 증명했다.

결국 갈릴레이, 뉴턴을 거치면서 태양은 하느님이 창조한 순수한 천상의 빛이 아니며 질량이 있는 물질적 존재가 된 것이다. 계속해서 천문학자들은 태양이 수소와 헬륨을 주성분으로 하고 있으며, 그 밖에 80여 종의 원소들이 조금씩 섞여 있는 그야말로 평범한 별임을 밝혀냈다.

그렇다면 과학이 드러내 준 자연적 존재로서 태양은 우리에게 무엇인가. 녹색식물은 물과 이산화탄소를 이용해 포도당을 합성하지만 이 과정에는 반드시 태양에너지가 필요하다. 유기물이 분해될 때 나오는 화학에너지는 식물의 생명활동의 원천이지만 이것은 애초에 태양에너지 없이는 만들어질 수 없는 것이었다. 생체의 모든 에너지는 태양에너지가 화학에너지로 전환됐을 뿐이다.

생태계의 먹이연쇄는 태양에너지로부터 생산된 유기물의 에너지를 나누어 가지는 연쇄다. 조류가 태양에너지를 유기물로 전환한 화학에너지를 물벼룩이 이용하고, 다시 물벼룩이 이용하고 전환한 에너지를 송사리가 이용하고, 송사리가 지닌 에너지는 가물치에게, 가물치가 지닌 에너지는 백로에게 전해지면서 생태계의 먹이사슬이 이어지는 것이다. 먹이연쇄를 거치는 동안 각각의 생명체가 지니는 에너지는 본질적으로 태양에너지가 형태만 바꾼 것임을 알 수 있다.

인간이 이용하는 모든 에너지는 태양에너지가 형태를 바꾼 것일 뿐이다. 석유와 석탄은 오래 전에 지구에 존재했던 식물들이 태양에너지를 이용해 합성한 유기물이 썩어서 만들어졌다. 그러므로 석유와 석탄의 에너지는 식물에 저장된 태양에너지가 다시 전환된 것일 뿐이다. 태양이 물에 준 에너지를 수증기가 머금고 하늘로 올라가 비로 내리면서 수력발전소의 전기에너지로 전환된다. 지구환경의 모든 변화와 질서가 태양이 있어 가능하다. 인간이 먹는 곡식은 광합성을 통해 식물이 저장한 태양에너지며, 육류는 식물을 통해 초식동물에 저장된 태양에너지다.

주마니아의 종교학자 엘리아데는 "태양 숭배는 인간의 역사적 존재양식의 발달과 병행한다"고 했다. 과거의 태양은 세계를 밝히는 빛으로서, 인간에게 신적인 깨달음을 주고, 질서의식을 찾아 주었던 존재였다. 그래서 숭배의 대상이었다.

● 2. 수명 100억 년의 핵융합로

막대한 에너지원

우리은하를 이루는 1000억 개가 넘는 별들 가운데 지구에 가장 가까이 있는 태양, 빛과 열을 주어 지구에 생물이 살아갈 수 있는 환경을 마련해 주는 태양은 과연 어떠한 천체일까. 또 그 모습은 어떠할까. 태양은 왜 계속 빛과 열을 내며, 밝게 빛나는 것일까.

날마다 변함없이 똑같은 모습으로 보이는 태양은 전체적으로 대단히 안정돼 있다. 이 안정성 덕분에 지구에 사는 모든 생물이 생명을 보존할 수 있는 것이다. 그러나 태양 표면은 결코 고요하지 않다. 태양 표면은 고온의 기체가 펄펄 끓고 있으며, 더욱이 태양 흑점 주변에 나타나는 활동 영역에서는 플레어와 같은 국부적 폭발 따위의 격렬한 동역학적 현상이 끊임없이 일어나고 있다.

플레어가 발생하면, 몇 분 내지 수십 분 사이에 10^{31}~10^{32}erg에 이르는 막대한 에너지가 방출된다. 이때 방출되는 고에너지 입자, X–선과 자외선은 지구의 상층 대기를 교란시켜 통신 장애를 일으킨다. 코로나에서 나오는 연간 수천만t에 이르는 막대한 질량 방출 역시 우리 주변의 우주환경과 지구환경에 큰 영향을 준다. 이런 점에서 태양 연구는 단순한 학문적인 호기심을 넘어서 인간의 생활에 미치는 여러 가지 부정적인 요인을 해결할 수 있는 수단이 된다.

우리의 별, 태양은 G형의 주계열성으로 우리은하에 포함된 1000억 개의 별 중에서 매우 흔한 천체에 속한다. 태양은 여러 면에서 평범한 별이다. 태양의 온도나 나이, 질량, 크기 같은 여러 가지 물리적 특성은 다른 별들과 비교해 평균적인 값을 갖는다. 태양을 중심으로 15광년 안의 공간에는 50여 개의 별이 존재하는데, 태양은 절대등급이 +4.6등급으로 비교적 밝은 별에 속한다. 그러나 거성이나 초거성 중에는 절대등급이 −5등급보다 밝은 것도 허다하므로, 태양이 특별히 눈에 띌 정도로 밝은 별은 아니다. 별의 밝기는 질량의 크고 작음

에 따라 결정되는데, 태양의 질량 2×10^{33}g 은 역시 다른 별들의 평균값 정도다.

지구에서 약 1억 5000만km 떨어진 태양은 모든 별들처럼 스스로 빛을 내는 거대한 고온의 기체 덩어리이다. 표면 온도는 6000℃, 중심부의 온도는 1500만℃나 된다. 반지름은 약 70만km로 지구의 109배, 지구에서 달까지 거리의 1.8배나 된다. 태양은 지구 크기의 천체를 130만 개나 품을 수 있을 만큼 거대하다. 그러나 우리가 볼 수 있는 부분은 오직 태양의 대기층뿐이다.

지구 질량의 33만 배, 태양계 총 질량의 99% 이

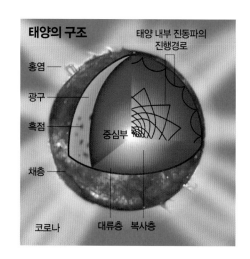

태양의 구조

태양 내부 진동파의 진행경로

홍염

광구

흑점

중심부

채층

코로나   대류층 복사층

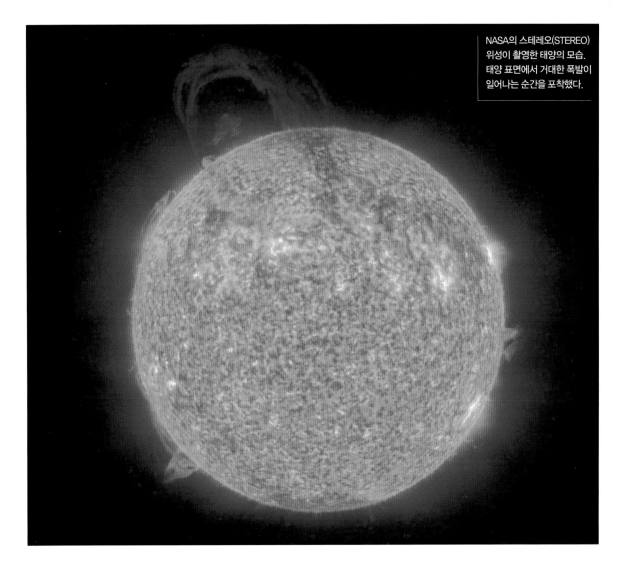

상을 차지하고 있는 태양은 막강한 인력으로 태양계 안의 모든 천체의 운동을 통솔하면서, 매초 4×10^{26} J이라는 엄청난 빛에너지를 우주 공간에 내보내고 있다. 이 값은 거의 변하지 않는데, 이는 태양이 대단히 안정된 상태에 놓여 있음을 의미한다. 태양의 질량과 부피로부터 평균 밀도를 구해 보면 1.41g/㎤이라는 작은 값이 나온다. 이는 태양이 주로 가벼운 수소와 헬륨으로 구성돼 있음을 뜻한다. 태양은 전 질량의 73%가 수소, 25%가 헬륨으로 돼 있다. 탄소, 산소, 질소를 비롯한 다른 원소들은 오직 2%를 차지하고 있을 뿐이다.

태양의 내부는 우리가 직접 관측할 수 없는 영역이다. 이 때문에 학자들은 내부 구조를 태양의 관측 결과를 토대로 만든 이론 모형을 통해 알아낸다. 최근에는 새로운 관측 기법을 도입해 태양 표면에서 관측되는 미세한 진동현상을 관측해 이를 분석함으로써 태양내부를 탐사하기도 한다. 지진학자가 지구 내부를 거쳐 나온 지진파를 관측함으로서 직접 지구 속까지 뚫고 들어가지 않더라도 지구 내부의 성질을 상세히 알아내는 것과 어느 정도 유사하다. 그래서 태양 진동에 관한 연구를 일진학(또는 태양의 지진학)이라고 부른다.

이론 모형에 따르면 태양 중심에는 중심부가 있고, 그 둘레에 복사층과 대류층이 차례로 둘러싸고 있다. 태양의 에너지는 98% 이상이 태양 중심으로부터 10만km에 이르는 중심부에서 만들어진다. 중심부의 온도는 약 1500만℃, 압력은 약 3400억 기압이나 된다. 중심부에서는 매초마다 무려 4×10^{26} J이라는 막대한 에너지가 계속 생산되는데, 이 에너지는 태양 반지름의 70%까지는 복사의 형태로, 그로부터 높이 20만km까지는 대류의 형태로 전달되며, 태양의 대기층으로 전달돼 결국 열과 빛에너지로 우주 공간으로 방출된다.

- 2. 수명 100억 년의 핵융합로

단단한 표면이 없다

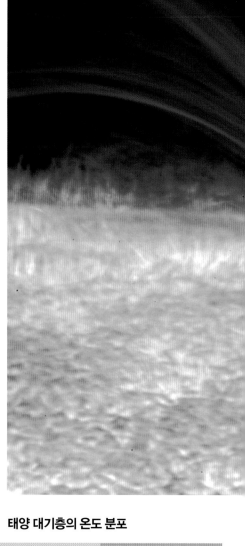

태양에는 지구와 같은 단단한 표면이 없고 폭 넓은 대기층이 전체를 둘러싸고 있다. 그러므로 우리가 실제로 볼 수 있는 태양은 대기층뿐이다. 태양천문학자들은 태양 대기를, 높이에 따른 온도 분포의 특성에 따라 광구, 채층, 코로나의 3개의 대기층으로 나누고 있다.

광구는 눈으로 태양을 볼 때 둥글게 보이는 태양의 표면층을 말하며, 그 두께는 500km 정도에 지나지 않는다. 광구 하부 온도는 약 8000℃ 정도지만, 바깥쪽으로 갈수록 감소돼 결국 광구의 상단에서는 4500℃에 이른다.

망원경을 통해 광구를 자세히 관찰해 보면 쌀알 모양의 미세 구조가 관측되는데, 쌀알조직은 광구 아래의 대류층이 만들어 내는 모습이다. 쌀알조직은 뜨거운 물질이 대류층의 상단을 뚫고 광구 밑바닥에 떠올라 밝게 보이는 것이다. 쌀알조직 각각의 크기는 약 1000km 정도인데, 이들의 운동을 자세히 살펴보면 중심부에서 뜨거운 물질이 솟아 올라왔다가 조금 식은 다음, 가장자리의 어두운 부분으로 다시 하강하는 것을 볼 수 있다. 올라오는 물질과 내려가는 물질에는 약 100℃의 온도차가 있는 것으로 밝혀졌다. 쌀알조직은 시간에 따라 계속 변하지만, 약 8분 동안은 그 형태가 유지된다.

태양 대기층의 온도 분포

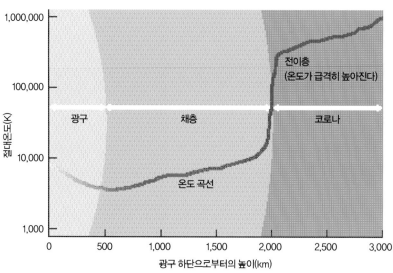

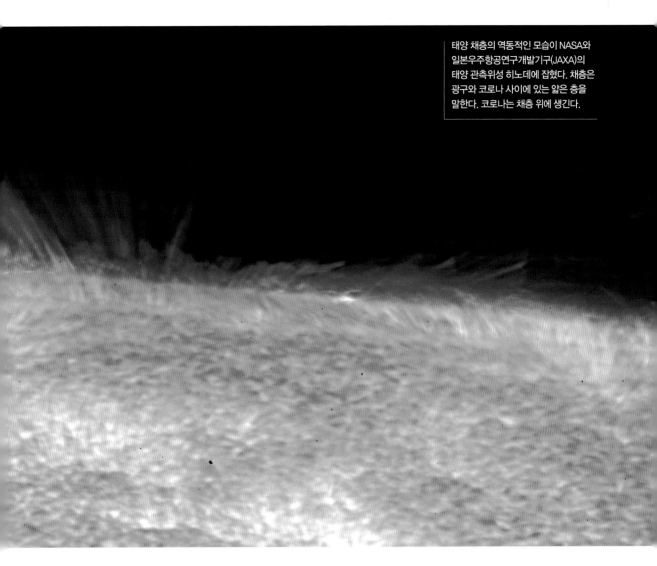

광구 바로 밖으로 이어지는 채층은 광구가 방출하는 가시광선 복사강도에 비해 그 강도가 훨씬 약하기 때문에, 정상적인 상태에서는 보이지 않는다. 달이 태양의 광구를 완전히 가리는 개기일식은 불과 수초 동안이지만 채층을 볼 수 있는 좋은 기회다. 이때 채층은 엷은 붉은색의 고리모양으로 나타나는데, 이는 채층에서 강하게 방출되는 수소의 알파선($H\alpha$선, 6563Å)이 붉기 때문이다.

흥미로운 것은 광구의 상단과 이어지는 채층 하부의 온도가 광구의 상단 온도, 4500℃에 비하여 1만℃로 급격히 증가된다는 점이다. 태양의 온도는 중심에서 밖으로 갈수록 계속 낮아지기 때문에 이러한 온도의 증가는 놀라운 일이

다. 이러한 현상은 채층에서 끝나지 않는다. 태양 대기에는 채층의 온도를 대표하는 1만℃에서 코로나의 온도를 대표하는 100만℃로 급변하는 얇은 전이층이 그 사이에 존재한다. 비록 그 두께는 수천km에 지나지 않지만, 온도가 높고 밀도는 극히 적기 때문에 태양의 강한 자외선 방출선이 전이층에서 형성된다.

가장 외각에 속하는 태양 대기층은 바로 코로나. 코로나도 채층처럼 개기일식 때만 관측된다. 채층 밖으로 보이는 코로나는 수백만km까지 확장돼 있다. 적도 근방에서 뻗어 나온 코로나의 부채꼴 모양은 태양 반지름의 2~3배에 이른다. 코로나는 100만℃ 이상의 희박한 고온 기체로 돼 있다. 코로나에서는 전자를 19개나 잃어버린 철 원자의 방출 스펙트럼 선이 관측되는데, 철 원자가 이처럼 고도로 전리되려면 수백만℃까지 온도가 올라가야 한다. 코로나에서 방출되는 스펙트럼선들은 X선과 극자외선 파장 영역에 속하며, 이 파장 영역에서 촬영한 코로나는 밝게 보인다.

● 2. 수명 100억 년의 핵융합로

수소를 태워 빛을 낸다

태양이 1초 동안에 생산해 내는 에너지, 4×10^{26} J는 현재 지구상에 살고 있는 60억 인구가 100만 년 이상 쓰고도 남을 정도의 막대한 에너지에 해당된다. 이렇게 엄청난 에너지가 태양에서 어떻게 생산되는 것일까. 19세기의 과학자들은 태양의 에너지원으로 2가지 가능성, 즉 열에너지와 중력 에너지를 생각했다. 그들은 먼저 태양이 연탄이나 목재와 같이 연소 가능한 물질로 돼있다고 가정하고 이들이 연소할 때 방출하는 열에너지를 추정해 보았다. 그러나 이러한 연료만으로는 태양에너지를 수천 년 이상 공급할 수 없다는 결론을 얻었다.

19세기 중엽 독일의 헤르만 헬름홀츠와 영국의 켈빈 경은 그 대안으로, 태양이 거대한 기체 구름으로부터 그의 생애를 시작했다고 가정하고 태양이 현재의 크기까지 수축하는 동안 방출한 중력 에너지를 계산해 보았다. 그러나 태양의 중력 수축으로는 현재와 같은 비율로 방출하는 상태를 1억 년 이상 지탱할 수 없다는 결론에 이르게 되었다. 중력 에너지도 태양에너지의 근원이 될 수 없었다.

태양에너지에 관한 문제 해결의 실마리는 20세기에 들어와서 원자핵의 구조가 알려지고 "질량과 에너지는 동등하다"는 아인슈타인의 '질량—에너지 등가 원리'가 발표되면서부터 풀리기 시작했다. 아인슈타인이 이끌어 낸 중요한 결론 중의 하나는 질량도 에너지의 한 형태이며, 에너지로 전환이 가능하다는 것이다. 질량—에너지 등가 원리는 가장 유명한 공식 $E=mc^2$로 표시되며, 여기서 E는 에너지, m은 질량, c는 두 물리량을 연결해 주는 상수로서 빛의 속도를 나타낸다.

이 공식은 질량을 에너지로 간단하게 환산해 주지만, 질량이 어떻게 에너지로 전환되는지는 말하지 않는다. 다만 에너지의 전환이 성공적으로 이루어질 때, 질량으로부터 얻는 에너지의 양만 알려줄 뿐이다.

1905년에 아인슈타인이 처음 이 식을 유도했을 때, 실제로 질량이 어떻게 에너지로 전환되는지 아무도 알지 못했다. 1912년 영국의 아서 에딩턴은 태양 내부의 고온 고압 상태에서 수소 원자핵들이 격렬하게 충돌하여 그보다 무거운 헬륨 원자핵을 만들며, 이 과정에서 태양의 막대한 에너지가 방출된다고 처음으로 주장했다. 그의 주장은 1939년에 미국의 한스 베테에 의해서 입증됐다.

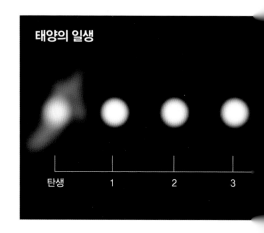

태양의 일생

탄생   1   2   3

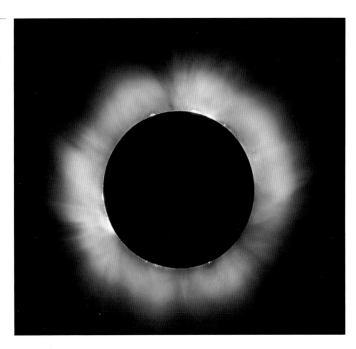

평소에 보이지 않는 코로나는 개기일식 때 선명하게 나타난다. 태양의 상태에 따라 다양하게 변하는 코로나의 모습을 확인할 수 있다.

베테는 태양의 중심온도가 1000만℃ 이상 되면 수소의 원자핵 4개가 융합해 1개의 헬륨 핵을 만들 수 있다고 주장했다. 이 과정에서 무엇보다 눈길을 끄는 것은 수소 원자핵 4개가 융합하여 하나의 헬륨 원자핵을 만들 때, 헬륨 원자핵 1개의 질량은 수소 핵 4개의 질량보다 0.7% 모자란다. 즉 1g의 수소가 헬륨 핵으로 전환될 때 0.007g의 질량결손이 생긴다는 것이다.

수소 핵의 융합과정에서 생긴 질량결손은 아인슈타인의 공식 $E=mc^2$에 따라 에너지로 전환된다. 이러한 과정을 '수소 핵융합반응'이라고 부르는데, 태양 중심부에서는 지금 이 순간에도 매초 7억t의 수소가 헬륨으로 변환되고 있다. 실제로 에너지로 전환되는 질량만 해도 매초 400만t에 이른다.

태양 중심부에서 생성된 에너지가 태양을 완전히 빠져나가는 데는 1000만 년 이상의 긴 시간이 걸린다. 태양 내부가 높은 밀도의 기체로 꽉 차 있기 때문에 생성된 에너지가 흡수와 방출 과정을 거듭하면서 태양 밖으로 빠져나가는 데 그처럼 오랜 시간이 걸리는 것이다.

이는 현재 우리가 태양으로부터 받고 있는 열과 빛은 약 1000만 년 전에 생성된 것을 뜻한다. 비교적 순수한 수소로 구성돼 있던 태양 중심부는 45억 년을 지나는 동안 약 절반이 헬륨으로 바뀌었지만, 태양은 앞으로도 약 50억 년간 더 수소 핵융합반응을 일으켜 우리에게 계속 빛과 열을 공급해 줄 것이다. 태양의 복사에너지의 원천은 수소 핵의 융합반응에 있으며, 태양이 지니고 있는 핵에너지는 실로 무궁무진하다.

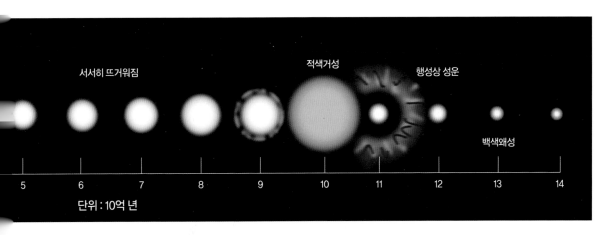

서서히 뜨거워짐   적색거성   행성상 성운   백색왜성

5   6   7   8   9   10   11   12   13   14

단위 : 10억 년

● 수성의 이력서

수성의 미스터리

수성은 수메르 시대부터 존재가 알려진 듯하나 눈부신 태양에 가려 특별한 관측 기록은 남아있지 않다. 수성은 항상 태양과 가깝기 때문에 관측이 쉽지 않다. 처음으로 기록을 남긴 이는 슈로에테다. 그는 표면에 관한 스케치도 남겼지만 그림이 명확하지 않다. 비교적 분명한 기록을 남긴 사람은 이탈리아의 천문학자 조반니 스키아파렐리와 미국의 천문학자 겸 사업가 퍼시벌 로웰이다.

이들은 화성 표면에서 '운하'를 목격한 것으로 유명한데, 역시 수성 표면에서도 운하 같은 것을 목격했다. 특히 스키아파렐리는 열악한 관측을 바탕으로 수성이 달처럼 자전과 공전의 주기가 같은 행성이라고 생각했다. 따라서 햇빛을 받을 기회 없이 영구히 어둠으로 덮인 반대쪽은 태양계에서 가장 차가운 곳일지도 모른다고 천문학자들은 여겼다.

1961년 천문학자들은 전파망원경이 만들어지자 수성을 향해 안테나를 맞췄다. 결과는 놀라웠다. 태양계에서 가장 차가울 것으로 예상된 수성의 밤 부분에서 금성에서 나오는 것 같은 전파 잡음이 포착됐다. 예상과 달리 밤 부분도 뜨겁다는 뜻이었다. 열기를 가진 수성의 밤은 그때까지의 생각을 뒤엎었다.

이 미스터리의 해답은 곧 밝혀졌다. 1965년 푸에르토리코에 있는 거대한 아레시보 전파망원경을 이용해 자전시간을 측정한 결과 수성은 멈춰 있는 것이 아니라 자전하고 있었다. 측정된 주기는 59일. 수성은 태양에 의해 고르게 데워지고 있었던 것이다. 하지만 이것이 지상에서 밝힐 수 있는 수성에 관한 모든 것이었다. 더 이상의 정보를 얻기에 수성은 태양에 너무 가깝고 매우 작은 행성이었다. 수성은 우주탐사가 필요한 행성이었다.

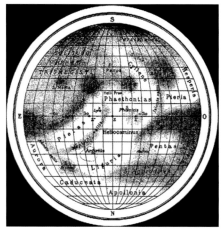

1920년대 프랑스의 천문학자 유진 안토니아디가 당시 최고 성능의 망원경으로 관측한 수성 표면. 그후 50년간이나 사용된 가장 뚜렷한 수성 지도였지만, 광학적인 허상에 불과했다.

수성은 태양에 너무 가까워 탐사선을 보내기에도 까다로웠다. '논스톱 수성행 탐사선'을 보내려면 비싼 타이탄급의 로켓이 필요했다. 유인달 탐험과 화성탐사에 대부분의 예산을 책정했던 NASA에게 수성은 우선 순위에서 밀려 있었다. 러시아 또한 까다로운 이 행성에는 관심이 없었다. 미국은 저비용의 탐사방법이 있다면 고려해 볼 참이었다.

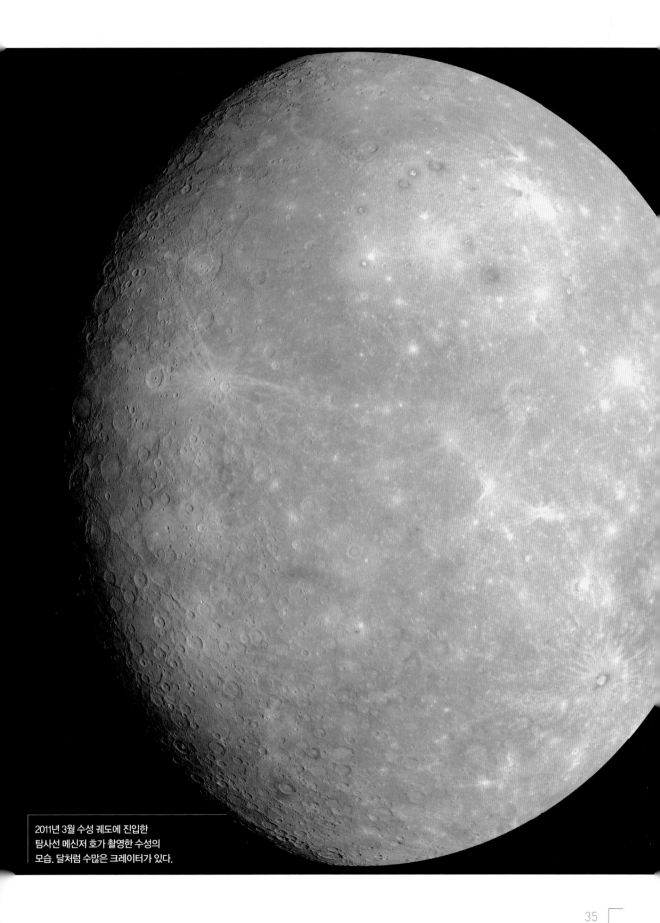

2011년 3월 수성 궤도에 진입한
탐사선 메신저 호가 촬영한 수성의
모습. 달처럼 수많은 크레이터가 있다.

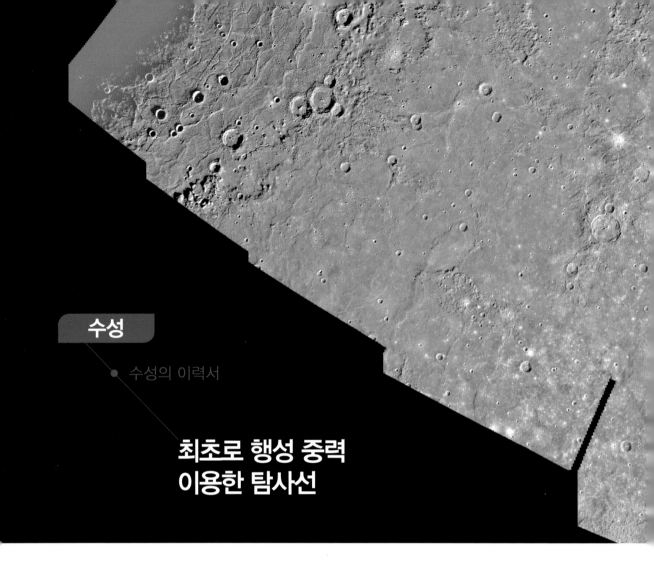

수성

수성의 이력서

최초로 행성 중력
이용한 탐사선

해답은 캘리포니아대 로스앤젤레스 캠퍼스(UCLA)의 졸업생 미카엘 미노비치로부터 나왔다. 행성궤도를 조사하던 그는 1970년이나 1973년에 금성까지만 탐사선을 보낸다면 10년에 한 번 이뤄지는 금성과 수성의 절묘한 배치에서 금성의 중력을 이용해 공짜로 수성과 조우할 수 있다고 계산해낸 것. 물론 쉬운 일은 아니다. 금성 근처 원하는 지점을 통과하지 못한다면 탐사선은 수성에서 엄청나게 빗나가기 때문이다. 따라서 전례 없이 정확한 항해가 요구됐다. 하지만 성공한다면 '도랑 치고 가재 잡는' 우주 역사상 가장 경제적인 프로젝트가 이뤄지는 것이다.

1968년 미국은 금성·화성탐사선 마리너를 개조해 금성과 수성을 탐사하는 'MVM 73' 계획을 수립했다. 발사연도는 1973년이며 예산 절감을 이유로 단 한 대의 탐사선을 발사하기로 했다. 대안은 없었고 한 번에 완벽히 성공하는 수밖에 없었다. 하지만 성공한다면 탐사선은 수성 공전주기의 두 배인 176일 주기로 태양궤도를 돌게 돼 수성을 계속 방문할 수 있었다. 마리너10호로 명명된 수성탐사선은 달의 10배나 되는 태양방사능과 열기로부터 장비를 보호하기 위해 우산형 방어막을 장착했다. TV용 카메라 두 대도 새로 개발했다.

1973년 11월 발사한 마리너10호는 1974년 2월 무사히 금성의 도움을 받아 1974년 3월 처음으로 최종 목표지인 수성에 703km까지 근접해 사진을 보냈다. 6개월 뒤에는 태양을 돌아 1974년 9월 4만 8000km까지 접근했다. 탐사선은 메모리장치와 조종장치 고장 등으로 임무를 포기할 정도의 중환자였지만 1975년 3월에 3번째로 327km까지 근접하는 데 성공해 고해상도 사진과 자기장 정보를 보냈다. 그후 자세 조종용 추진제가 완전히 소모돼 통신이 두절됐다. 하지만 그동안 보내온 수성의 독사진은 무려 8000여 장.

마리너10호가 보내온 정보는 과학자들에게 놀라움과 함께 실망감을 가져다줬다. 수성의 모습은 예상치 못했지만 익히 봐왔던 것이기 때문이다. 보내온 사진은 달의 지형과 판박이였디. 수성은 크레

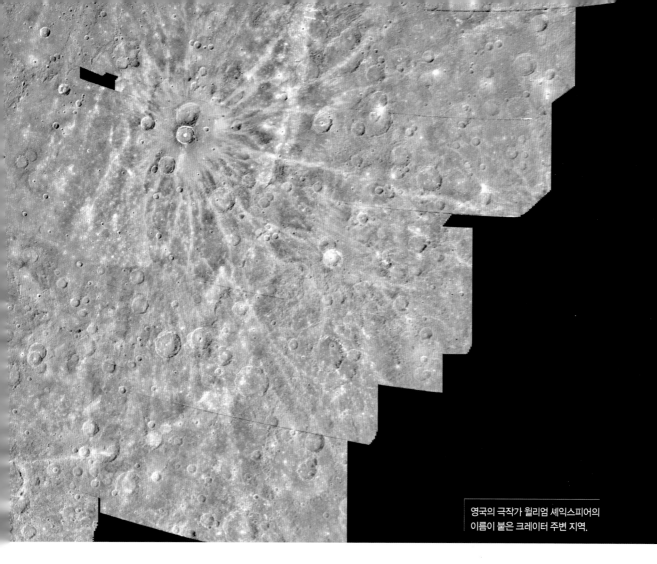

영국의 극작가 윌리엄 셰익스피어의 이름이 붙은 크레이터 주변 지역.

이터로 뒤덮인 황량한 달의 모습이었다. 그곳은 지구에서보다 2.5배나 큰 태양이 뿜어내는 열기로 낮에는 467℃나 됐다. 반면 밤에는 영하 183℃에 이르렀다. 온도차는 무려 600℃ 이상이다. 태양계 최고의 온도차. 느린 수성의 자전속도(58.65일) 때문에 수성에서 해가 뜨고 지는 '하루'를 기다리려면 176일이나 있어야 한다. 따라서 수성에서 '하루 생존하기'는 아마 미래에 '태양계 기네스'가 생긴다면 단연 돋보이는 종목이 아닐 수 없다.

하지만 외모로 수성을 판단한다면 금물. 수성의 내면은 완전히 다른 모습이기 때문이다. 내부는 달보다 지구에 가까웠다. 내부에는 달 크기만 한 거대한 철-니켈 핵이 자리 잡고 있다. 또한 달에는 없는 자기장이 발견됐다. 물론 그 세기는 지구 자기장의 겨우 1%에 불과하다. 그럼 위성도 있을까.

1974년 4월 1일 마리너10호로부터 온 자료에서 위성을 발견했다는 분석이 나왔다. 하지만 이것은 해프닝에 불과했고 위성은 하나도 발견되지 않았다. 언론은 이 사건을 '마리너의 만우절 농담'으로 불렀다.

탐사로 새롭게 발견된 수많은 크레이터에는 이름이 필요했다. 수성은 달이나 화성의 경우와는 달리 아무도 표면을 본 적이 없어 작명이 쉬울 것 같았으나 논란은 있었다. 과학자나 천문학자의 이름은 이미 다른 행성에 사용됐기 때문에 도시에서부터 새의 이름까지 새로운 명명법이 제시됐다. 국제천문연맹(IAU)의 수성지형명명위원회는 1년이 넘는 격론 끝에 인류의 문명 발전에 기여한 예술가들의 이름으로 낙점했다. 어울리진 않지만 반 고흐, 베토벤 등의 이름이 뜨거운 수성의 세계에 새겨졌다.

하지만 마리너10호로 촬영한 수성의 표면은 전체의 45%에 불과했다. 따라서 수성의 완전한 이해를 위해서는 스쳐 지나가는 탐사선이 아닌 수성에 머물며 관찰하는 궤도형 탐사선이 필요했다. 이에 마리너10호 탐사로부터 약 36년 만인 2011년 3월 17일, 미국의 메신저 탐사선이 수성의 궤도에 진입하는 데 성공했다.

● 수성의 이력서

메신저의 21세기 수성탐사

메신저호에 쓰일 태양전지패널을 조립하고 있다. 메신저호는 450W의 전력을 제공하는 태양전지패널 두 개로 동력을 공급받는다.

마리너10호의 탐사 이후 30여 년이 지난 뒤에 마침내 새로운 탐사선이 수성을 향해 다가갔다. 메신저는 2008년 1월 14일을 시작으로 근접 비행을 3번 마친 뒤 마침내 2011년 3월 17일 수성 궤도에 안착했다. 마리너10호와 달리 메신저는 수성 궤도를 4년 동안 돌며 수성에 대한 여러 가지 정보를 알아냈다.

가벼운 소재로 만들어진 메신저에는 7가지 탐사 장비가 실려 있었다. 수성의 지표면을 촬영하는 이중카메라와 대기를 분석하는 대기·지표 분광계, 감마선·중성자 분광계 등이다. 이중카메라는 좁은 범위를 찍은 카메라와 넓은 범위를 찍은 카메라를 동시에 이용해 최고 20~50m의 해상도로 화성 표면을 촬영할 수 있다. 메신저에서 가장 신경을 써야 하는 부분은 보호 장비다. 온도가 400℃까지 올라갈 수 있으므로 연구 장비를 보호하기 위해 메신저에는 높이

가 2.5m, 너비가 2m인 태양빛 차단벽이 있다.

2008년 중반 메신저는 예상치 못한 발견을 해냈다. 수성 대기권 외곽층에서 물을 발견한 것이다. 과거 수성에 화산 활동이 있었으며, 미약한 대기에는 칼슘과 나트륨, 마그네슘이 들어 있다는 점도 밝혔다. 또한 지금까지 수수께끼였던 수성의 자기장에 대한 정보도 수집했다. 태양계의 암석형 행성 중에서 가장 큰 지구를 뺀 금성과 화성에는 자기장이 없기 때문에 처음에는 수성에도 자기장이 없을 것이라고 예상했다. 하지만 마리너10호의 관측 결과 수성에는 약하지만 자기장이 있었다.

수성은 지구보다 자기장이 약하고 태양에 가까워 태양풍의 영향을 많이 받는다. 따라서 수성 자기장의 특성을 이해하려면 태양풍과 어떻게 상호작용하는지 이해해야 한다. 타원 궤도로 수성 주위를 도는 메신저는 수성의 자기장 안쪽과 태양풍 내부를 넘나들며 둘의 상호작용을 관측했다. 그 결과 수성의 미약한 자기장이 급격한 속도로 변하고 있었다. 지구 자기장도 북극과 남극에서 조금씩 변하지만, 수성 자기장은 지구 자기장보다 훨씬 더 빠르게 변화했다.

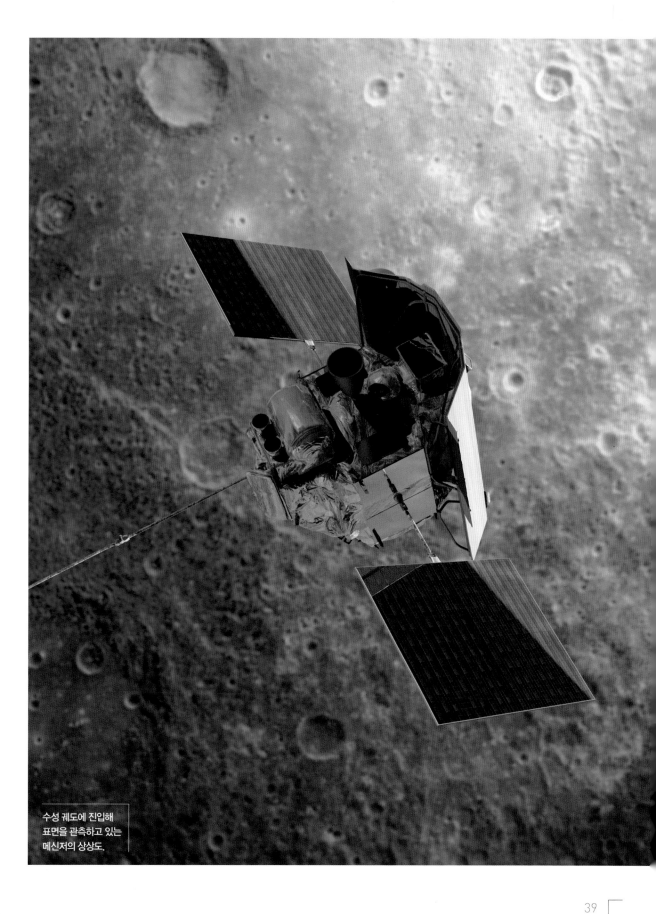

수성 궤도에 진입해
표면을 관측하고 있는
메신저의 상상도.

1. 지옥에서 발견한 오렌지색 하늘

뜨거운 지옥 행성

우리가 뜨거운 금성의 모습을 받아들인 것은 그리 오래되지 않는다. 40년 전만 해도 고온과 고압의 금성은 상상할 수도 없는 모습이었다. 1609년 갈릴레오가 처음으로 망원경을 이용해 관측한 이래 두꺼운 구름에 가린 금성의 참모습을 본 사람은 없었다. 어떤 이는 구름 사이에 빈틈이 있을 것이라 생각하고 찾아봤지만 뜻대로 되지 않았다.

금성의 구름은 관측의 한계인 동시에 상상을 자극했다. 이 구름을 거대한 수증기 구름으로 주장한 사람은 금성에서 소철나무가 무성하고 왕잠자리가 나는 거대한 늪지의 모습을 떠올렸다. 쥐라기 공원 같은 즐거운(?) 상상은 1920년 금성의 스펙트럼 조사로 약간 변경됐다. 구름은 이산화탄소가 주성분이었기 때문에 늪지는 석유나 탄산수의 바다로 바뀌어야 했던 것이다.

1959년 레이더 관측 장비가 동원되자 혼란스러운 정보가 나왔다. 구름을 뚫고 나온 전파의 잡음은 금성 표면이 매우 뜨겁다는 사실을 뜻했기 때문이다. 하지만 대부분의 과학자들은 표면이 아니라 대기가 뜨겁다는 식으로 관측 결과를 받아들이지 않았다. 당시 미국 시카고대의 젊은 과학자인 칼 세이건은 이산화탄소에 의한 온실효과를 이론으로 제시하며 뜨거운 금성의 모습을 주장했으나, 이런 주장은 SF소설 정도로 여겨졌다.

금성에 대한 최초의 우주탐사는 1961년 옛 소련이 시작했지만, 탐사선의 성능이 변변치 못했던 탓에 1965년까지 14회의 시도가

무위로 돌아갔다. 이 틈에 어부지리로 미국이 금성 탐사에 최초로 성공했다. 1962년 마리너2호가 발사 4개월 뒤, 무사히 금성에 근접해 간접적으로 금성의 온도를 측정했던 것이다. 결과는 놀랍게도 400℃ 이상. 하지만 옛 소련 과학자들은 이 결과를 받아들일 수 없었다. 옛 소련은 자체 관측으로 금성의 온도가 60~80℃ 정도이며 기압은 지구의 5배를 넘지 않을 것으로 예상했다. 심지어 석유의 바다로 덮여 있을 것에 대비해 가라앉지 않는 착륙선을 설계하기 시작했다. 이렇게 제작된 베네라4호는 1967년 금성 표면에 착륙을 시도하며 신호를 보내왔다. 측정한 최고 온도는 270℃였다.

1960년대 후반 비로소 옛 소련의 과학자들은 뜨거운 금성을 사실로 받아들였고 착륙선을 더욱 강하게 만들었다. 사진은 처음으로 금성 표면의 사진을 찍어 보내 온 베네라9호의 지상실험모습이다.

최초의 금성탐사와 최초의
행성탐사에 성공해 2관왕을
차지한 미국의 마리너 2호.

1. 지옥에서 발견한 오렌지색 하늘

두꺼운 대기가 빚어낸 낯선 모습

미국 또한 같은 시기에 금성으로 다시 한번 탐사선을 파견했다. 화성에 주력하던 미국은 경비를 절감하기 위해 화성탐사선 마리너4호의 백업용(지상시험용)으로 제작된 탐사선을 긴급 개조, 금성탐사선 마리너5호로 변신시켰다. 이전 탐사선과 큰 차이는 열방어 기능을 보완했고 전파관측 때문에 카메라를 탑재하지 않았던 점이다. 카메라의 중요성이 제기되기도 했지만 두꺼운 구름으로 찍을 것이 별반 없을 것 같은 금성탐사에서 카메라가 차지하는 무게와 전력은 사치에 불과했다.

베네라4호보다 이틀 늦게 도착한 마리너5호는 금성의 온도와 기압을 측정했다. 탐사선의 조그마한 안테나와 지구의 거대한 심우주 전파안테나를 활용한 실험 결과, 금성 표면의 온도가 적어도 430℃이며 기압은 지구의 75~100배임이 드러났다. 270℃라는 측정치를 얻었던 베네라4호와는 차이

가 많이 나는 결과였다.

미국은 마리너5호 탐사로 생명체의 존재가능성에 관한 '라이프 리스트'에서 확실히 금성을 제외했고 유인달탐사나 화성탐사에 관심을 가지게 됐다. 하지만 옛 소련은 달랐다. 유인달탐사와 화성탐사에서 참패를 당하던 옛 소련은 금성에서 희망을 찾고자 했다.

옛 소련은 1969년 베네라5, 6호를 다시 금성의 대기 속으로 밀어 넣었다. 모두 진입과정에서 파괴됐지만 320℃까지 측정했다. 마리너5호의 관측 결과와 비슷하게 고온을 나타내는 값이었다.

1982년 금성에 착륙한 옛 소련의 베네라13호. 그 옆은 베네라13호가 찍은 금성 표면의 모습이다. 베네라13호는 금성의 혹독한 환경에서 2시간 넘게 버티며 14장의 사진을 보내왔다. 사진 구석에 조그맣게 지평선과 오렌지색 하늘이 보인다.

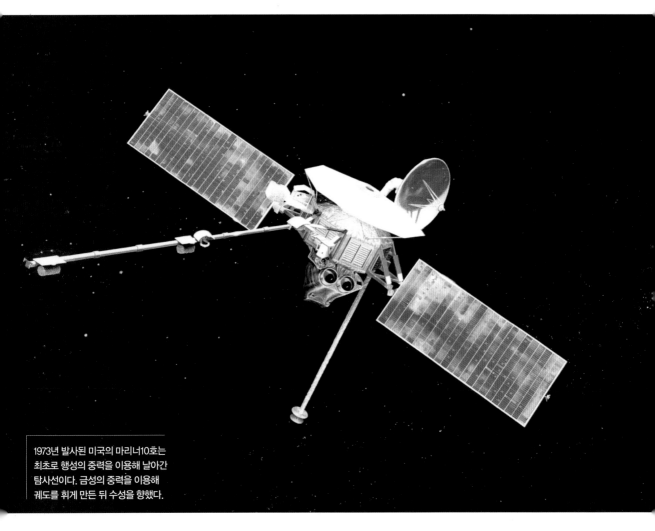

1973년 발사된 미국의 마리너10호는
최초로 행성의 중력을 이용해 날아간
탐사선이다. 금성의 중력을 이용해
궤도를 휘게 만든 뒤 수성을 향했다.

옛 소련 행성과학자들은 비로소 금성이 고온고압의 지옥과 같은 행성이라는 사실을 받아들였다. 따라서 착륙선을 반드시 보강해야만 했다.

1970년 발사한 베네라7호는 뜨거운 대기와의 마찰 시간을 줄이려고 낙하산의 크기를 대폭 축소해 신속히 금성 표면에 도달하도록 했다. 그리고 착륙선을 이산화탄소로 가득한 밀폐실에서 120기압과 600℃의 가혹한 환경으로 단련시켰다. 이제야 진정한 금성 착륙선의 조건이 갖춰지게 된 것이다.

그러나 실제 상황에서 베네라7호는 착륙 후 신호가 갑자기 끊겨져 실망을 안겨주기도 했다. 그럼에도 불구하고 탐사선이 최후까지 보내온 신호를 분석하는 과정에서 매우 약한 신호가 발견됐다. 이를 단서로 추정된 온도는 무려 475℃. 옛 소련이 19번의 시도 끝에 달성한 업적이었다.

1972년에는 옛 소련의 베네라8호가 다시 착륙했다. 이에 자극을 받은 미국은 마리너10호로 수성으로 가는 도중에 금성을 방문하도록 해 체면을 살리고자 했다. 마리너10호는 처음으로 광학적인 금성의 모습을 4000여 장 찍어 기상변화를 연구하는 자료를 제공했다. 반면 옛 소련은 더욱 야심찬 계획을 수립했다. 온도계만 가져갈 것이 아니라 카메라를 사용해 한 번도 보지 못했던 금성 표면을 찍어 보자는 것. 수정렌즈로 된 특수카메라와 희미한 햇빛을 고려해 조명기가 착륙선에 부착됐다.

1975년 마침내 베네라9, 10호가 역사적 임무를 띠고 금성에 무사히 착륙해 흑백사진을 찍는 데 성공했다. 그리고 1982년에는 베네라 13, 14호가 착륙 장소 선정에 미국의 파이어니어 비너스호의 도움을 받아 무사히 착륙한 후 금성 표면에서 컬러사진을 찍어 보내왔다. 행성으로부터 온 사진들은 궁금증을 해결하기도 하지만 동시에 더욱 많은 질문을 던지기도 했다.

● 2. 두꺼운 베일 벗은 여신의 누드

금성의 대기를 벗겨라

1970년대와 1980년대 초 옛 소련이 개발한 베네라 탐사선의 잇따른 착륙 성공으로 두꺼운 장벽을 넘어 금성의 속살을 살짝 들여다볼 수 있었다. 하지만 너무 좁은 범위에 불과했다. 이런 착륙 방식으로는 비너스의 누드를 전체적으로 감상(?)할 수 없었다. 가장 큰 걸림돌은 역시 두꺼운 베일처럼 가려진 금성의 구름층.

대안은 지구 궤도에서 나왔다. 미국과 옛 소련은 지구 궤도에서 구름이 긴 상태에서도 지상을 감시할 수 있는 레이더 첩보위성을 운영하는 중이었다. 이 투과기술은 금성의 구름을 뚫는 데도 유효할 것으로 보였다. 단점은 상당한 전력이 필요하다는 점이었다.

옛 소련은 핵전지를 사용했다. 1978년 레이더 첩보위성 코스모스954호가 캐나다 북부에 추락했는데, 탑재된 우라늄 발전장치로 인해 문제가 되기도 했다. 옛 소련은 이런 레이더 장비를 탐사선에 실을 수 있을 만큼 경량화했다. 이래서 기존 탐사선의 착륙캡슐이 들어가는 부분에 레이더 장비를 탑재한 베네라15호와 16호가 완성됐다.

베네라15, 16호는 1983년 10월부터 금성의 극궤도를 돌며 8개월 동안 극지방을 중심으로 전체 표면의 22%에 달하는 지도를 작성했다. 베네라의 관측을 통해 추정된 금성 표면의 나이는 달의 바다보다 젊고 지구의 깊은 바다보다는 오래된 것으로 밝혀졌다. 특히 북극 근방에서는 호주 크기만 한 대륙에 에베레스트 산보다 높게 솟은 맥스웰 산이 발견됐다.

맥스웰 산은 높이가 1km고, 폭은 700~800km다. 형성 원인에는 논란이 있지만 내부에서 용암이 솟아 나왔거나 그 지역이 사방에서 압축됐을 것으로 추정된다.

금성은 태양계의 행성 중에서 가장 대기가 짙다. 대부분 이산화탄소이며, 지표면의 기압은 무려 90기압이 넘는다.

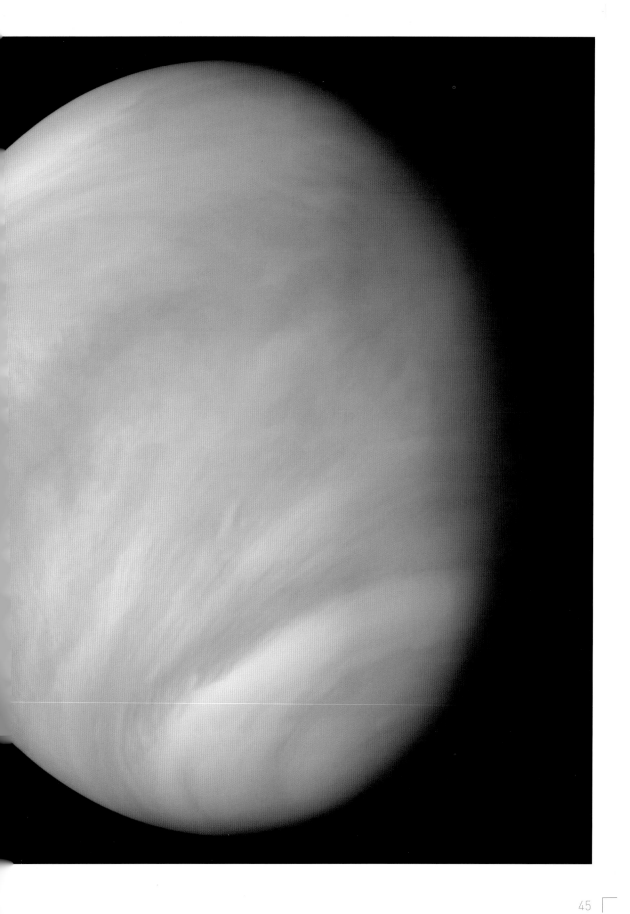

● 2. 두꺼운 베일 벗은 여신의 누드

표면에 펼쳐진 여인천하의 지형

성공적인 베네라 탐사 이후 옛 소련은 프랑스와 손잡고 풍선을 이용한 금성 대기 탐사를 준비했다. 18세기 몽골피에 형제에 의해 세계 최초의 열기구 비행을 이뤄낸 프랑스는 1966년 이미 미국과 옛 소련에 이 계획을 제안한 바 있었다. 미국은 시큰둥했고 옛 소련은 1979년 이 제안을 받아들였다. 10여 년 만에 햇빛을 보게 된 이 계획은 아이러니컬하게 계획 제안자에 의해 취소될 뻔한 운명을 맞기도 했다.

1980년 제안자인 프랑스우주기구의 발몽트 박사는 옛 소련 과학자와의 칵테일 자리에서 1984년에 금성의 중력을 이용한다면 1986년에 방문할 핼리혜성으로 탐사선을 보낼 수 있다는 사실을 자랑스럽게 얘기했다. 옛 소련 과학자들은 이런 황금 기회를 놓치지 않기 위해 금성과 혜성 탐사를 병행하기로 결정했다. 그러자 부피가 큰 풍선은 새로운 장비를 싣는 데 걸림돌이 되고 말았다. 제안자의 실언(?)으로 폐기될 운명에 놓였던 풍선은 결국 원래 계획보다 작게 제작됐다.

탐사선의 이름은 금성과 혜성의 러시아식 합성어인 베가(VEGA)로 정해졌다. 베가1, 2호는 1985년 금성에 도착해 착륙선과 풍선을 투하하고 핼리혜성을 향해 떠나갔다. 풍선은 낙하산을 이용해 낙하하다가 헬륨 가스에 의해 팽창돼 54km 상공을 비행했다. 지름 3m인 풍선은 곤돌라(바스켓)에 과학 장비를 실었는데, 금성 대기의 흐름에 몸을 맡긴 채 떠돌며 관측했다.

풍선의 신호를 포착하기 위해 옛 소련을 비롯해 유럽, 브라질, 오스트리아 등의 전파망원경이 그물 같은 네트워크를 구축했다. 풍선은 진입지점으로부터 1만km나 바람에 의해 움직이며 10시간 동안 관측한 후 전원부족으로 신호가 끊기고 말았다. 하지만 기존의 수직방향 탐사에서 벗어나 수평방향으로 펼쳐진 새로운 우주탐사방식의 신기원을 이룩했다.

한편 미국 과학자들은 이전보다 1000배나 높은 고해상도의 레이더 장비가 실린 탐사선을 보내고 싶었다. 파이어니어 비너스와 베네라15, 16호에 실렸던 레이더 장비의 흐릿한 시력으로는 금성을 완벽하게 살필 수 없었기 때문이다. 하지만 야심찬 계획에는 많은 난관이 있었다. 첫 번째가 예산이었다. 주어진 예산으로는 도저히 새로운 탐사선을 만들 수 없었기 때문에 과학자들은 결국 '탐사선 부품의 재활용'이라는 전대미문의 방법을 시도했다. 다른 탐사선에 쓰다 남은 부품을 이용하자는 것. 컴퓨터와 전력장치는 갈릴레오 탐사선에서, 안테나는 보이저에서 남은 것이

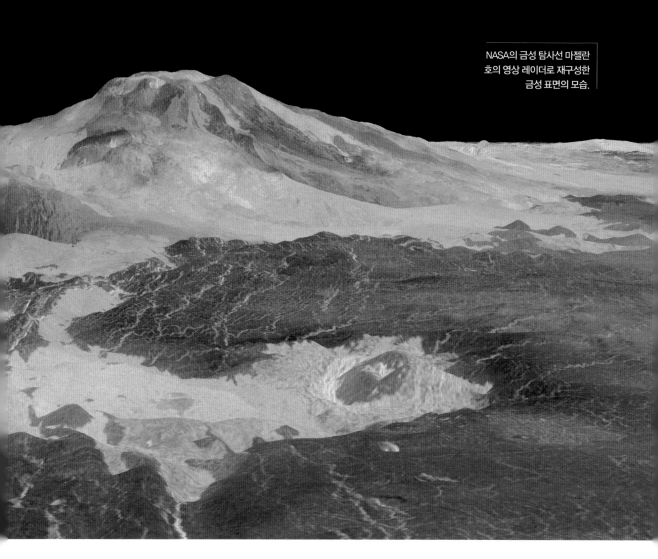

NASA의 금성 탐사선 마젤란
호의 영상 레이더로 재구성한
금성 표면의 모습.

사용됐다. 그 외에 10년이나 지난 바이킹 탐사선의 부품들도 갖다 썼다. 임무도 레이더 관측 외에는 모두 취소됐다.

두 번째는 발사체의 문제였다. 1986년 챌린저호의 폭발사고로 우주왕복선을 이용한 발사조건은 엄격해졌고, 금성까지 탐사선을 안내할 강력한 액체로켓이 문제로 대두됐다. 결국 안전 때문에 성능이 나쁜 고체로켓으로 대체됐고, 비행시간은 1.5배로 늘어났다. 이 와중에 설상가상으로 준비과정에서 탐사선에 불이 나기도 했다.

마침내 1989년 5월 발사된 금성 레이더 탐사선 마젤란은 1990년 8월 금성에 도착해 4년간 임무를 수행했다. 임무 도중 예산부족으로 인원이 절반 이하로 줄고 우주탐사계획 중 처음으로 임무

완료 전에 중단될 위기를 맞기도 했지만, 금성 표면의 99%에 달하는 고해상도의 지도제작에 성공했다. 두꺼운 베일을 벗겨 내자 눈부신 비너스의 누드가 적나라하게 드러났던 것이다.

계획의 마지막 단계에서는 중력지도를 작성하기 위해 금성에 근접한 후 대기와의 마찰로 궤도를 바꾸는 '에어로브레이킹'기술을 최초로 시도했다. 성공적으로 모든 임무를 마친 마젤란은 1994년 10월 12일 마치 지구를 일주하고 죽은 탐험가 마젤란의 운명처럼 비너스의 품으로 몸을 날려 최후를 맞았다.

이후 금성으로는 유럽과 일본의 도전이 있기도 했다. 러시아 발사체의 도움을 받은 유럽우주기구(ESA)의 탐사선 금성특급호는 2006년에 금성에 도착하여 성공적으로 임무를 수행했지만, 일본이 야심차게 준비한 최초의 금성 기후탐사선인 아카츠키호는 2010년 12월 최후의 궤도진입 기동 중, 실패하고 마는 불운을 맞았다. 수많은 좌절을 안겨준 금성이지만 앞으로는 용광로 같은 금성의 표면을 로버형 탐사선이 돌아다니게 될지도 모른다.

지구는 45억 년 전 원시 태양 주변을 돌던 먼지 구름이 응축하면서 생겼다. 시간이 지나면서 점차 철과 같은 무거운 금속은 중심부에 가벼운 물질은 바깥쪽에 자리를 잡았다. 지구 내부의 온도는 금속이 녹기 충분한 정도까지 올라갔다. 현재 지구는 안쪽에서부터 내핵, 외핵, 맨틀, 그리고 가장 바깥의 지각까지 순서대로 쌓여 있다. 이 중 3000~5000km 사이에 있는 외핵은 고체인 내핵과 달리 유체 상태를 이루고 있다.

이런 외핵의 유체 운동은 자기장을 만든다. 유체운동에 의해 전류가 만들어지고, 이 전류의 흐름으로 자기장이 생기는 것이다. 초기에 과학자들은 지구 중심에 막대자석과 같은 물질이 있는 것이 아닌가 생각했었다. 하지만 지구 내부는 온도가 매우 높기 때문에 물질이 자성을 갖기 어렵다. 또 실제 지자기를 관측했을 때의 모양은 막대자석이 만드는 것보다 훨씬 복잡했다. 무엇보다 막대자석 모델로는 쉬지 않고 끊임없이 자기장을 만들어 내는 동력원을 설명할 수 없었다.

그래서 등장한 것이 다이나모 이론이다. 다이나모라는 이름처럼 외핵이 지구의 '발전기' 역할을 해 자기장을 만들어 낸다는 것. 외핵 내부에서 위아래 온도와 밀도 차이로 대류운동이 일어나 유체가 움직이게 되면 유체의 역학적 에너지가 전기로 바뀌어 유도전류가 형성되고, 이 전류가 자기장을 만들어 지자기가 형성된다.

그런데 이 지자기는 항상 고정돼 있지 않다. 가장 눈에 띄는 변화는 지자기극의 움직임이다. 자북극이 캐나다에서 러시아 쪽으로 매년 평균 40km의 속도로 이동해 현재 자북극은 캐나다 북단의 한 섬에, 자남극은 호주 태즈메이니아 쪽 남쪽 3000km 지점에 위치하고 있다. 1831년 처음 자북극이 발견됐을 때부

나 북서쪽으로 약 1000km 이동했다.

자기장의 세기도 감소했다. 2002년 4월 파리 지구과학연구소의 고띠에르 울르 박사와 그의 동료들은 덴마크의 인공위성 에르스텟의 지자기 측정 결과를 토대로 남아프리카 아래 외핵의 한 지역에서 지자기가 지구의 나머지 부분과 정반대방향을 가리키고 있으며 그 세기도 수백 년 동안 차츰 강해지고 있다는 연구 결과를 과학전문지 '네이처'에 발표했다.

지자기를 만들어 내는 것이 외핵의 운동이기 때문에 핵 내부에 변화가 생기면 지자기에 영향을 끼칠 수 있다. 지구 자기장의 북극과 남극이 바뀔 수도 있는 것이다. 하지만 지자기 역전의 조짐은 있다고 해도 과학자들은 확신하지 못한다. 지자기 역전 주기가 일정하지 않기 때문이다. 태양의 자기장 역전 주기가 11년으로 일정한 것과는 대조적이다.

마지막으로 지자기 역전이 발생한 것은 78만 년 전이었다. 인류의 조상인 호모에렉투스가 유라시아 대륙을 활보하던 무렵이었다. 그 이후로 아직까지 지자기 역전은 한 번도 일어나지 않았다. 앞으로 언제 또 다시 지자기 역전이 일어날지

예측하기란 쉽지 않다. 1000만 년 동안 안 번도 역전이 일어나지 않았던 기간도 있었다.

만약 지자기 역전이 일어난다면 어떻게 될까. 이론적으로 지자기 역전은 지구에 평지풍파를 일으킬 수 있다. 우선 육해공을 막론하고 동물들이 대혼란에 빠진다. 붉은 바다거북이는 대서양을 따라 1만 2800km의 긴 여정을 떠날 때 지자기를 나침반으로 삼는 것으로 알려져 있다. 연어와 고래, 꿀벌과 두더지도 지자기로 방향을 확인한다.

지구 자체도 안전할 수 없다. 지자기는 지구 바깥에 자기권을 형성해 태양풍과 우주방사선을 막아 준다. 오로라가 그 증거다. 지구 표면으로 들어오지 못한 고에너지 입자들이 지구자기장을 따라 극지방으로 이동하면서 상층대기와 충돌할 때 발생하는 빛이 오로라이기 때문이다. 만약 지자기 역전이 일어나기 전에 자기장의 세기가 약해진다면 자외선을 보호하는 지구의 오존층이 파괴돼 작물생산량이 떨어지고, 피부암 발생 비율도 높아질 수 있다.

지자기 역전 가능성을 놓고 과학자들의 견해는 두 갈래로 나뉜다. 최상의 시나리오는 앞으로 적어도 1000년 동안은 지자기 역전을 걱정할 필요가 없다는 것이다. 그리고 지자기 역전이 일어난다고 하더라고 상대적으로 미약한 영향을 미칠 것이라는 예측이다.

반면 최악의 시나리오는 지금 당장이라도 지자기 역전이 발생할 수 있다는 것이다. 지자기 역전으로 인해 지구는 대규모 화산 폭발과 대지진에 시달리고, 수백만 명이 방사능에 노출돼 죽을 수 있다. 지자기가 역전되는 순간 생물이 멸종할 것이라고도 한다. 공룡의 멸종을 지자기 역전으로 설명하는 가설도 있다.

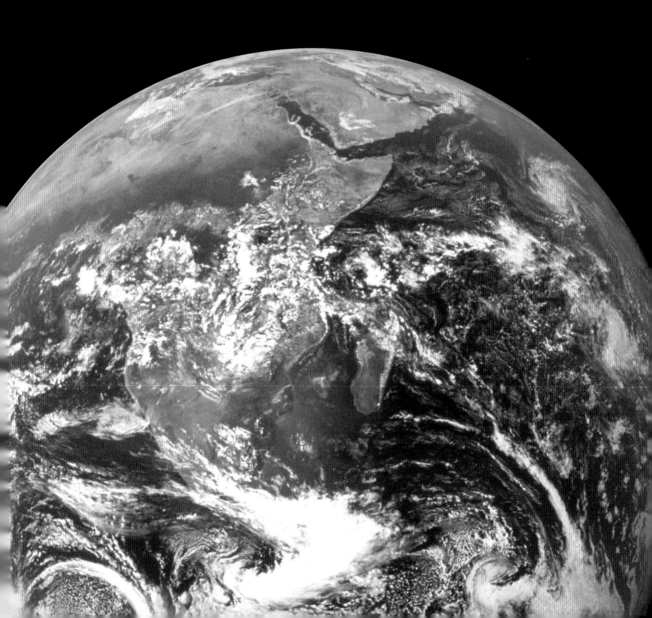

우리의 고향, 지구

움직이는 대륙

그린란드 탐사 중인 베게너의
모습(왼쪽).

대륙과 바다의 모습은 영구불변이 아니다. 지금까지 조사한 자료에 따르면 북태평양 해양판이 아래로 밀려 가라앉으면서 태평양은 점차 닫히고 있다. 반면 대서양 바닥 가운데에서는 아메리카가 유럽과 아프리카에서 멀어지면서 새로운 해양층이 생기고 있다. 아프리카는 북쪽으로 올라가고, 유럽은 남쪽으로 움직인다. 호주는 동남아시아를 향해 북진하고 있다. 대륙이 움직이는 속도는 1년에 약 1~10cm로 손톱이 자라는 속도와 비슷하다.

1992년 남아프리카공화국 케이프타운대 지질학자 크리스 하트나디 교수는 이런 대륙판의 움직임을 바탕으로 2억 5000만 년 뒤 지구의 모습을 예측했다. 그는 대서양이 계속 넓어지면서 아메리카대륙이 밀리고 결국 아시아의 동쪽 끝에 붙을 것이라고 주장했다. 또 아프리카대륙과 마다가스카르 섬은 인도양을 건너 남아시아와 충돌해 남쪽에 산맥을 만들고 호주는 북쪽으로 계속 이동하다 동남아시아와 합쳐진다고 예상했다.

결국 남극대륙만 제자리를 지킨 채 나머지 대륙이 모두 모여 하나의 거대한 대륙을 이룬다는 얘기다. 미국 하버드대의 폴 호프만 교수는 하트나디 교수의 의견에 동의하며 2억 5000만 년 뒤에 나타날 이 초대륙에 '아마시아'(아메리카+아시아)라는 이름을 붙였다.

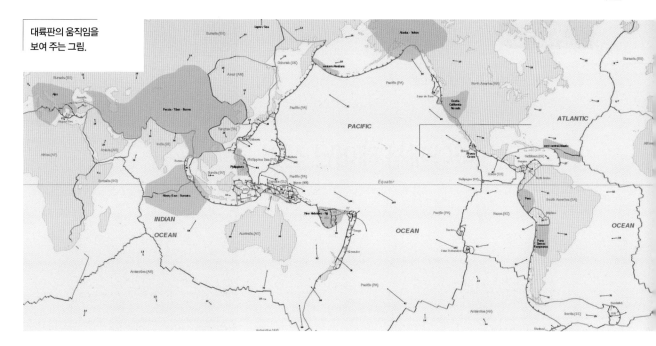

대륙판의 움직임을
보여 주는 그림.

이같은 초대륙의 존재를 처음으로 주장한 사람은 1912년 독일의 지구물리학자인 알프레드 베게너다. 그는 2억 5000만 년 전 지구에 판게아(그리스어로 '모든 지구'라는 뜻)라는 거대한 대륙이 있었다가 갈라지고 붙기를 반복하며 현재 대륙의 모습이 만들어졌다는 '대륙이동설'을 주장했다.

하지만 당시 베게너의 이론은 대륙을 이동시키는 힘이 무엇인지 제대로 설명하지 못해 판게아는 학자들 사이에서 '잊힌 대륙'이 되고 말았다. 1960년대에 이르러서야 지구 내부의 방사성 물질이 붕괴할 때 나오는 열이 맨틀을 대류시킨다는 '맨틀대류설'과 지각이 여러 개의 판으로 이뤄졌다는 '판구조론'이 등장하면서 판게아는 약 50년 만에 다시 빛을 보게 됐다.

하지만 판구조론은 대륙의 이동을 일부 설명하지 못하는 약점이 있었다. 맨틀이 대류하는 속도에 비해 판이 움직이는 속도가 훨씬 빠르다는 사실이 1980년대에 밝혀졌기 때문이다. 게다가 하와이 열점과 같은 특별한 지역의 화산활동을 제대로 설명하지 못했다.

이를 보완하기 위해 등장한 이론이 1990년대 등장한 '플룸구조론'이다. 지구 내부의 열분포를 조사해 보면 맨틀 하부에서 표면까지 뻗쳐 있는 열기둥이 있는데, 이를 '플룸'이라 한다. 판구조론은 맨틀이 바다 위의 뗏목처럼 이동한다고 설명하지만 플룸구조론은 판 운동의 근본적인 원동력을 플룸의 운동으로 설명한다.

지구 중심에 가까운 곳에서 뜨거워진 플룸이 상승하면 대륙이 분리되고 해저에서는 해령이 만들어진다. 여기서 만들어진 해양판은 점차 식으면서 확대되다가 해구에서 다른 판 아래로 밀려 들어간다. 밀려 들어간 해양판은 한 덩어리의 차가운 플룸이 돼 아래로 떨어지는데, 이때 생긴 반발력으로 뜨거운 플룸이 다시 위로 솟는다.

플룸구조론은 맨틀의 대류를 잘 설명하는 이론인 동시에 초대륙에 대한 중요한 의미를 갖는다. 지구의 진화과정 속에서 차가운 플룸이 대륙판을 끌어 모아 초대륙을 만들고, 뜨거운 플룸이 초대륙을 다시 쪼개는 일을 약 5억~7억 년 주기로 되풀이한다는 주장이 가능하기 때문이다.

그럼 판게아 이전에도 초대륙이 있었을까. 지질학자들은 약 8~10억 년 전에 '로디니아'라는 초대륙이 있었다는 사실에 대부분 동의한다. 그리고 로디니아가 '파노티아'와 '곤드와나' 대륙으로 나뉘었다가 약 2억 5000만 년 전 다시 판게아를 이뤘다고 설명한다.

더 나아가 세계 곳곳에 퍼져 있는 비슷한 종류의 오래된 암석의 분포를 토대로 18억 년 전에는 '컬럼비아' 또는 '누나'라고 불리는 초대륙이 있었고, 25억 년 전에는 케놀랜드 초대륙이, 그리고 30억 년 전 지구 최초의 대륙인 '우르' 초대륙이 있었다고 주장하는 학자들도 있다. 하지만 지금부터 대략 10억 년 이전의 지질학적 증거가 현재까지 남아 있는 경우가 드물어 그 이전 초대륙의 존재에 대해서는 학자들마다 의견이 분분하다.

우리의 고향, 지구

바다에서 태어난 생명

지구를 흔히 '우주의 오아시스'라고 한다. 현재까지 우리가 알기로 생명체가 살고 있는 천체는 지구 외에는 없기 때문이다. 지구에 처음 생명체가 등장한 것은 대략 38억 년 전. 그렇다면 그 생명의 씨앗은 어떻게 생겨난 것일까.

중세까지만 해도 사람들은 썩은 고기에서 구더기가 끓는 것을 보고 생명은 스스로 태어난다고 생각했다. 벨기에의 의학자 반 헬몬트는 밀이나 치즈를 더러운 아마포로 덮어 두면 생쥐가 태어난다고 주장해 이러한 자연발생설을 뒷받침했다. 17세기에 들어서자 이러한 자연발생설은 의심받기 시작했다. 1668년 이탈리아의 생물학자 레디는 썩은 고기를 헝겊으로 싸 파리가 접근하지 못하도록 하면 구더기가 생겨나지 않음을 처음으로 확인했다. 그는 구더기가 썩은 고기에서 나오는 것이 아니라 파리가 그 위에 낳은 알에서 깨어난다고 보고했다.

그러나 이러한 연구 결과로 자연발생설이 수그러들지는 않았다. 생쥐나 구더기는 자연적으로 생겨나지 않지만 미생물들은 자연발생한다는 주장이 새롭게 제기된 것이다. 그것은 눈에 보이지 않는 미시세계를 보여 주는 현미경의 등장 때문이었다. 현미경은 효모를 첨가하지 않았는데도 포도주가 발효되고, 삶아 놓은 고기가 썩어 가는 과정을 보여 주었다.

자연발생설에 대한 지루한 논쟁은 1861년 프랑스의 미생물학자 루이 파스퇴르에 의해 끝났다. 그는 고니의 목을 닮은 주둥이를 가진 플라스크를 만들어 공기는 통하되 박테리아는 들어갈 수 없게 했다. 그리고 플라스크에 영양액을 넣고 열을 가한 뒤 식혀 놓았다. 그 결과 고니목 플라스크 안에는 어떤 미생물도 자라지 않았다. 파스퇴르가 고니목 플라스크 안에 넣어둔 영양액은 100여 년이 넘도록 썩지 않았다고 한다. 과학자들은 파스퇴르의 실험으로 자연발생설이 더 이상 고개를 내밀지 않을 것이라고 생각했다. 그런데 의외의 분야에서 자연발생설이 부활했다.

파스퇴르의 실험에 따르면 생물은 생물에서 생겨난다. 결국 태초에 지구에 뿌리를 내린 생명의 씨앗은 지구가 아닌 우주에서 날아와야 한다. 그러나 이러한 설명도 한계를 지닌다. 생명의 씨앗이 우주방사선으로부터 해를 입지 않고 긴 우주여행을 거쳐 지구로 날아오기가 쉽지 않기 때문이다.

그 씨앗은 도대체 어디서 생겨났을까. 이러한 궁금증을 푼 사람은 러시아의 생화학자 알렉산드르 이바노비치 오파린이었다. 1922년 봄 모스크

과테말라의 아티틀란 호수. 광합성으로 초기 지구에
산소를 제공했던 시아노박테리아가 모여 있는 모습이
보인다.

바에서 열린 식물학회에서 오파린은 처음으로 원
시지구에서 자연발생적으로 생명체가 탄생할 수
있다고 소개했다.

그의 생명탄생 시나리오는 이렇다. 지구의 원시
대기는 수소, 메탄, 암모니아와 같은 환원성 기체
(수소 또는 수소와 결합한 기체분자)로 충만해 있
었다. 이 기체들은 지구 내부에서 분출되는 고온의
니켈, 크롬과 같은 금속들의 촉매작용으로 인해 단
순한 유기분자들로 변한 다음, 암모니아와 다시 결
합해 점차 복잡한 질소화합물로 변해갔다.

이러한 화합물은 바다에 농축되기 시작했고, 콜로이드 형태의 코아세르베
이트로 변했다. 코아세르베이트는 막을 가진 액상의 유기물 덩어리로 외부
환경과 구별되는 독립된 내부를 지녔다. 조잡하나마 세포의 형태를 갖춘 것
이다. 이들이 점차 스스로 분열하고, 외부와 물질을 주고 받는 기능을 갖추면
서 원시생명체로 진화했다.

1953년 미국의 스탠리 밀러와 해롤드 유리는 오파린과 홀데인의 가설을
검증했다. 원시 지구의 땅과 공기에 있던 유기물질에 자외선이나 전기 방
전과 같은 에너지를 가하자 생명의 기본 단위인 아미노산, 뉴클레오티드 같
은 물질이 생겼던 것이다. 과학자들은 이들이 서로 반응해 단백질이나 핵산
을 이루고, 세포의 형태를 갖췄을 것으로 추측하고 있다. 1980년대 들어서는
RNA가 DNA보다 먼저 생겨나 자기복제가 가능한 최초의 유기체를 이뤘다
는 'RNA 세계 가설'이 등장해 단순한 유기물질과 생명체 사이의 연결 고리를
강화했다.

1. 화성 생명체를 찾아 나선 바이킹

지구와 가장 닮은 행성

1938년 10월 30일 유명한 만능 엔터테이너 오슨 웰스가 진행하는 라디오 드라마 '우주전쟁'이 방송되자 미국 전역에서 큰 혼란이 일어났다. 시민들이 화성에서 우주인들이 침공한 줄 알고 100만 명이나 집을 버리고 피신했던 것이다. 1949년 2월 13일 에콰도르에서도 같은 일이 벌어졌다. '우주전쟁'이 방송되자 폭도들이 방송국을 습격해 불을 지르는 사건이 발생한 것이다.

드라마의 원작은 1898년 SF작가 허버트 조지 웰스가 쓴 '우주전쟁'. 1894년 미국 리크천문대에서는 화성 표면에서 반짝이는 강력한 섬광을 발견했다. 그 섬광은 알고 보니 추위를 견디다 못해 지구를 향해 떠나는 화성인들이 탄 우주선에서 나오는 빛이었다. 문어처럼 생긴 화성인들은 지구를 침공해 쑥밭으로 만들었다. 그런데 인간에게는 해가 없지만 화성인에게는 치명적인 박테리아 때문에 침공한 화성인들이 전멸한다는 게 우주전쟁의 줄거리다. 지금 보면 우습기 그지없는 이야기지만 당시 사람들은 진짜로 화성인이 침공해온 줄 알았다. 그만큼 화성인의 존재를 믿었던 것이다.

화성은 여러 면에서 지구와 닮았다. 자전주기가 비슷한 화성의 하루는 지구시간으로 24시간 40분이다. 자전축의 기울기는 24°로 역시 지구의 23.5°와 비슷하다. 그래서 화성에는 뚜렷한 4계절

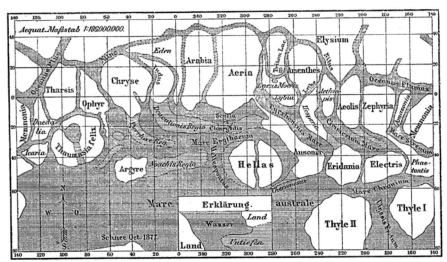

19세기 이탈리아의 천문학자 지오반니 스키아파렐리는 망원경으로 화성을 관측해 지도를 그렸다. 화성의 지형을 바다와 대륙으로 구분했으며, 수로가 있다고 생각했다.

이 존재한다. 비록 이산화탄소지만 대기가 존재한다는 사실도 화성에 생명체가 살 것이라는 추측을 낳게 한다.

화성에 대한 관심이 무척 많았던 때는 1894년이다. 당시 화성은 지구와 가장 가까운 충의 위치에 있었기 때문에 학자들로서는 연구하기 좋은 기회였다. 이때 이탈리아 천문학자 스키아파렐리가 1877년 화성을 관측하고 물이 흐르는 수로(canali)가 있다고 발표한 연구결과가 유럽으로 퍼졌다. 그런데 수로라는 말이 영어로 번역되면서 운하(canals)로 와전돼, 결국 운하를 만든 화성인들의 존재는 자연스럽게 받아들여졌다.

게다가 1894년 화성을 관측했던 사람들 중에는 화성에서 이상한 빛을 보았다는 사람도 많았다. 이들의 증언을 바탕으로 '타임머신'과 '투명인간'을 썼던 SF작가 허버트 조지 웰스는 우주전쟁이란 명작을 남겼다.

1. 화성 생명체를 찾아 나선 바이킹

실패의 연속이었던 화성 탐사

행성 탐사는 1962년 12월 14일 금성에 도착한 미국의 마리너2호가 처음이다. 그 뒤 미국과 옛 소련은 많은 탐사선들을 금성과 화성으로 보냈지만, 금성과 달리 거리가 먼 화성에서는 실패의 연속이었다.

화성 탐사에 처음으로 성공한 것은 1965년 7월 14일 화성궤도에 도착한 미국의 마리너4호로, 당시 22장의 화성표면 사진을 찍어 지구로 전송했다. 1969년 두 번째로 화성궤도에 진입한 마리너6호와 7호 역시 200여 장의 사진, 대기온도, 대기압, 표면분자구성에 대한 자료 등을 보내왔다. 그러나 이들은 사람들이 궁금해 하는 화성 운하를 확인하는 데는 실패했다. 너무 높은 궤도에서 사진을 찍었기 때문이다.

화성에 운하가 없다는 사실은 2년 뒤 마리너9호에 의해 확인됐다. 1971년 11월 24일 화성 최초의 인공위성이 된 마리너9호는 화성을 저공비행하면서 9000장의 사진을 보내왔지만, 그 어디서도 운하의 흔적은 없었다. 그러나 마리너 9호는 화성에 생명체가 사는지, 산다면 어떤 생명체인지에 대한 숙제를 여전히 남겨 두었다. 이 숙제를 풀기 위해 1973년 아폴로계획 이후 최대의 프로젝트가 수립됐는데, 바로 바이킹계획이다.

바이킹계획의 예산은 30억 달러. 250억 달러를 퍼부었던 아폴로계획에는 미치지 못하지만, 12년 동안 목성, 토성, 천왕성, 해왕성 등 4개의 행성을 탐사하기 위해 1977년에 발사된 보이저계획

바이킹 착륙선 지상 실험 중 천문학자이자 외계생물학자인 칼 세이건과 함께한 모습. 세이건은 바이킹 1호가 화성에서 보내온 사진을 검토한 뒤 생명의 흔적이 없다는 결론을 내렸다.

바이킹1호가 찍은 화성 표면의 모습. 가운데에 착륙선에 달린 삽으로 땅을 파 흙을 채취한 흔적이 보인다.

(7억 달러)에 비하면 대단한 투자였다.

바이킹1호는 1975년 8월 20일 출발해 1976년 7월 20일 화성에 착륙했다. 원래 바이킹1호는 미국 독립 200주년을 기념하기 위해 1976년 7월 4일 크리세(황금)평원에 착륙할 예정이었다. 그러나 돌풍이 심한 화성 땅에 예정된 날짜와 장소에 착륙하는 일은 그리 쉽지 않았다. 1호와 쌍둥이인 바이킹2호는 1975년 9월 9일 지구를 떠나 이듬해 8월 7일 유토피아평원에 착륙했다.

두 대의 바이킹 착륙선이 맡은 임무는 화성생명체를 조사하는 것. 이를 위해 광합성실험, 신진대사실험, 가스교환실험 등 3가지 실험이 실시됐다. 그런데 놀랍게도 세 가지 실험에서 모두 양성반응이 나타났다. 생물이 광합성한 결과 나타나는 이산화탄소가 검출됐고, 영양분을 흡수했는지 알아보는 실험에서 유기물이 산화된 결과가 나타났고, 생물이 호흡했는지를 알아보는 실험에서는 기체가 교환됐음이 확인됐다.

그러나 이 실험결과는 얼마 지나지 않아 아무런 의미가 없음이 판명됐다. 화성의 대기온도, 습도, 낮과 밤이 변하는데도 항상 같은 결과가 나왔기 때문이다. 또 10억분의 1에 이르는 정밀한 분자검출기의 결과는 화성생명체의 존재에 대해 오히려 부정적이었다.

그렇다면 3가지 실험이 긍정적인 결과를 나타낸 까닭은 무엇일까. 그것은 태양 자외선이 화성대기를 통과하면서 만든 물질이 화성흙을 산화시켰기 때문이라고 밝혀졌다. 한편 일부에서는 지구에서조차 생명체를 발견할 수 없는 고물을 화성에 보내 놓고 생명체를 발견하려고 한 것은 애초부터 억지였다고 말했다.

엄청난 비용을 들여 화성에 보낸 바이킹은 결국 많은 사람들을 실망시켰다. 대부분의 사람들은 화성에 생명체가 있으며, 바이킹은 이를 확인하면 된다고 생각했던 것이다. 그렇다고 화성생명체에 대한 미련을 버린 것은 아니다. 바이킹 탐사로부터 21년 뒤인 1997년 7월 4일(미국의 독립기념일) 패스파인더가 화성 아레스계곡에 착륙한 것이다. 그러나 패스파인더도 화성생명체를 찾는 데는 실패했다. 이제 화성에 남은 과제는 과거에 물이 흘렀던 것처럼 먼 옛날 생명체가 살았었나를 밝히는 것이다.

화성

2. 화성 북극에서 얼음 찾았나?

화성에 착륙한 불사조

화성에 착륙한
피닉스의 상상도.

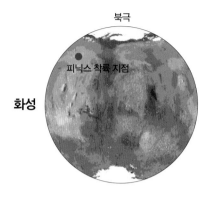

북극

피닉스 착륙 지점

화성

2007년 8월 4일 피닉스를 실은 델타7925 로켓이 불을 뿜으며 솟아오르고 있다.

내 이름은 피닉스. 화성에서 물을 찾는 임무를 맡은 탐사로봇이다. 2008년 5월 25일 화성 북위 68° 지점에 있는 '바스티타스 보레알리스' 지역에 착륙해 지금까지 부지런히 땅을 파고 토양을 분석하는 탐사활동을 펼치고 있다.

화성의 북극 지역에 해당하는 이곳은 현재 해가 지지 않고 낮이 계속 이어지고 있다. 지구로 따지면 백야의 계절인 셈이다. 그 덕분에 영하 80~영하 30℃의 추운 날씨 속에서도 하루 종일 햇볕을 쬐며 동력을 얻는다. 하지만 2008년 9월 초가 되면 밤낮이 생기고, 몇 개월 더 지나 밤만 계속 이어지는 겨울이 되면 그때부터는 나도 긴 잠을 자야 할 것이다.

내 이름에 담긴 비밀을 알려줄까. 피닉스는 생명이 다할 때가 가까워지면 스스로 몸을 태워 죽었다가 그 재에서 다시 탄생한다는 고대 이집트 신화의 불사조다. 내가 이런 멋진 이름을 갖게 된 이유는 내 몸이 화성탐사가 취소됐거나 화성탐사에 실패했던 선배 탐사로봇의 부품으로 만들어졌기 때문이다.

2000년 미션이 취소된 '마스 서베이어 2001' 탐사로봇의 기본 뼈대에 2004년 화성의 극지방에 착륙하다가 추락한 '마스 폴라 랜더'의 실험장치 일부를 업그레이드해 붙였다. 선배 로봇들이 못다 이룬 화성탐사의 꿈을 대신 이룬 셈이다.

물론 화성에 성공적으로 착륙한 선배 탐사로봇도 5대나 있다. 1975년 화성에 생명체가 있는지 확인하기 위해 발을 디뎠던 '바이킹1호'와 '바이킹2호'를 시작으로 1996년에 '마스 패스파인더'가, 그리고 2003년에는 쌍둥이 탐사로버 '스피릿'과 '오퍼튜니티'가 나란히 화성 착륙에 성공했다.

특히 스피릿, 오퍼튜니티 형제는 화성탐사 로봇계의 살아 있는 전설이다. 당초 90일 정도만 일하고 퇴역하기로 했지만 8년 동안이나 부지런히 탐사를 계속했기 때문이다.

그들을 만나러 가고 싶지만 나는 이들 형제와 달리 바퀴가 없는 고정형 탐사선이라 그럴 수 없다.

2. 화성 북극에서 얼음 찾았나?

착륙 장소는 영구동토층?

화성의 대기. 화성의 대기는 지구에 비해 매우 희박하지만 때때로 모래 폭풍을 일으키기에는 충분하다.

나는 2007년 8월 4일 '델타7925' 로켓에 실려 지구에서 발사됐다. 마스 패스파인더와 스피릿, 오퍼튜니티 형제가 탔던 바로 그 로켓이라 발사 때 왠지 마음이 편안했다. 특히 발사 직후 흔히 볼 수 없는 발사 구름이 하늘에 생겼는데, 그 모양이 흡사 불사조 같아 모두들 나의 여행길이 무사할 거라고 믿었다.

10개월 동안 6억 8000만km를 날아 아무 탈 없이 지난 5월 25일 화성에 접근했다. NASA과학자들은 나의 화성 착륙에 큰 기대를 했다. 사상 처음으로 극지방에 착륙하는 데다가 최근 화성에 도착한 선배들이 에어백을 타고 착륙한 것과 달리 나는 그 옛날 바이킹1, 2호 선배들처럼 낙하산을 타고 착륙

피닉스가 착륙한 장소의 전경.

하기로 했기 때문이다.

화성 대기권을 진입할 때 속도는 자그마치 시속 2만 1000km였지만 7분 동안 뜨거운 열기를 온몸으로 견뎌 시속 8km까지 줄였다. 그런데 낙하산이 계획보다 7초 늦게 펴지는 바람에 예상 착륙지점에서 동쪽으로 25~28km 떨어진 곳에 15분 일찍 착륙했다.

뒤늦게 안 사실이지만 화성 주위를 도는 궤도선 3대가 멀리 지구에서 온 신참내기를 환영해 주기 위해 깜짝 선물을 준비해줬다. 선물은 내가 대기권에 진입하는 순간부터 착륙 1분전까지의 과정을 찍은 사진이었다. 역사상 이런 일은 처음이라고 한다.

나는 '바이킹의 후예'답게 땅에 닿기 직전 역추진 로켓을 작동시키며 멋지게 착륙했다. 착륙 직후 주변에 먼지가 일어 한치 앞도 안 보였다. 먼지가 가라앉기를 15분 정도 기다렸다가 조심스럽게 태양전지판을 폈다. 따뜻한 햇볕을 쬐니 기운이 났다.

주위를 둘러보니 끝없이 펼쳐진 지평선이 보였다. 아~ 여기가 화성인가. NASA 과학자들은 내가 착륙한 지점에 '스노우 퀸'이라고 이름을 지어 줬다. 군데군데 작은 자갈들이 있었고 깊이 10cm의 작은 고랑이 약 5m 간격으로 격자무늬를 이루

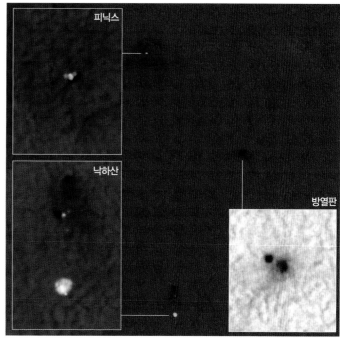

2008년 5월 25일 화성 궤도선이 찍은 피닉스의 화성 착륙 직후 모습. 방열판과 낙하산이 띄엄띄엄 보인다.

고 있는 점이 특이했다.

그러고 보니 이 무늬는 지구의 극지방 영구동토층에 나타나는 무늬와 매우 비슷했다. 지구에서는 온도가 떨어지면 땅속의 물이 얼어붙었다가 기온이 올라가며 다시 녹는 과정을 반복하면 이런 무늬가 나타난다. 혹시 이곳에서도 물이 있어 이런 무늬를 만든 건 아닐까. 다음날 나는 주변을 찍은 첫 사진을 지구로 전송하며 임무를 시작했다.

2. 화성 북극에서 얼음 찾았나?

하얀색 물질, 얼음인가 소금인가

2008년 5월 30일 로봇 팔에 달린 사진기로 착륙장소 주변을 찍었다. 착륙 직전 역추진 로켓을 분사해서인지 주변이 빗자루로 마당을 쓴 것처럼 휑하다. 그때 내 발이 디디고 있는 지점을 찍으려고 아래를 둘러보다가 지름이 90cm 정도 되는 하얗고 평평한 물체를 발견했다. 혹시 얼음이 아닐까. 재빨리 사진을 찍어 지구로 전송했다.

다음날 드디어 로봇 팔로 화성 토양의 첫 삽을 떴다. 지구의 과학자들은 이를 기념하기 위해 흙을 퍼 올린 땅에 남은 7~8cm 깊이의 흔적에 '도도'라는 이름을 붙여 줬다. 그런데 도도를 다시 보니 그곳에서도 하얀색 물질이 보였다. 그래서 옆 부분을 한 번 더 퍼 올렸다. '골디락'이라는 이름이 붙여진 그곳에서도 하얀색 물질이 보였다.

물질이 얼음인지 궁금해 퍼 올린 흙을 분석기에 담기 전에 자세히 살펴봤다. 지구의 흙과 겉모습은 크게 다르지 않았지만 하얀색 물질이 섞여 있었다. 좀 더 자세히 들여다볼까. 흙의 일부에 광학현미경을 들이댔다. 머리카락 지름의 10분의 1밖에 되지 않는 미립자부터 다양한 입자들이 선명하게 나타났다. 적어도 4가지 광물을 구별할 수 있었지만 하얀색 물질이 얼음 알갱이인지 소금인지 구별하기는 쉽지 않았다.

흙을 정밀하게 분석할 필요가 있다고 생각하고 6월 6일 흙을 4번 분석기에 담았다. 아뿔싸. 그런데 예기치 못한 일이 발생했다. 흙은 분석기 통 안에 들어가기 전에 지름 1mm까지 걸러내는 체를 통과하게 돼 있는데, 흙의 점성이 생각했던 것보다 커서 체를 통과하지 못했던 것이다.

피닉스의 화성탐사

피닉스의 밑 부분에 지름이 90cm 정도인 하얀색 물체가 사진에 찍혔다.

로봇팔로 땅을 팠다. 왼쪽 구덩이엔 '도도', 오른쪽 구덩이에는 '골디락'이라는 이름이 붙었다. 얼음으로 추정되는 물질이 보인다(원 안).

로봇팔로 흙을 퍼 올린 뒤 찍은 사진. 겉모습은 지구의 흙과 비슷하다.

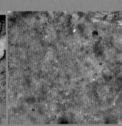
피닉스가 찍은 화성 흙의 현미경 사진.

피닉스의 실험 장비

내가 화성의 북극으로 탐사를 오게 된 이유는 2002년 화성 궤도선 오디세이가 이 지역에서 물을 구성하는 수소원자 흔적을 대량으로 발견했기 때문이다. 이번 미션에서 내가 맡은 임무는 땅을 파서 그 안에 들어 있는 얼음 알갱이를 찾고, 토양 속에 들어 있는 여러 가지 광물을 분석해 화성 토양의 특성과 역사를 파악하는 일이다.

이 임무를 완수하기 위해 나는 지구에서 실험 장비를 '빵빵하게' 준비해왔다. 나의 두 눈에 해당하는 입체영상 카메라는 화성의 모습을 실감 나게 보여 줄 것이다. 두 대의 카메라로 같은 장소를 찍어 마치 사람의 눈으로 보는 것 같은 입체 영상을 만든다. 사실 두 눈은 선배 탐사로봇 마스 패스파인더와 마스 폴라 랜더의 눈을 업그레이드해 이식한 것이다.

무엇보다 가장 중요한 장비는 티타늄과 알루미늄으로 만든 로봇 팔이다. 7개의 관절로 이뤄진 로봇 팔은 최대 2.35m까지 펼 수 있으며, 굴삭기처럼 손목 부위의 회전 모터로 0.5m 깊이까지 땅을 팔 수 있다. 로봇 팔의 '손'에 해당하는 부분 위에는 카메라가 붙어 있어 토양의 실제 모습을 찍을 수도 있다. 로봇 팔로 퍼 올린 흙을 열처리가스 분석기(TEGA)로 보내면 8개의 분석기에서 토양을 980℃로 가열하면서 수증기로 증발하는 물이 있는지, 생명체를 구성하는 데 필수적인 탄소, 질소, 황, 인 같은 성분이 존재하는지 분석한다.

이 밖에 풍속계와 압력계, 온도계는 화성 날씨를 매일 보고하고, 라이더(마이크로파 대신 펄스레이저광을 내는 레이더와 비슷한 장치)는 하늘로 레이저를 쏜 뒤 산란하는 정도를 관측해 대기 중의 먼지나 구름의 성분을 조사한다.

6월 6일부터 4일 동안 하루에 몇 번씩 체를 흔들었다. 하지만 분석기 안에 들어간 흙은 극히 일부였다. 그동안 로봇 팔은 다음 실험에서 실수를 하지 않기 위해 흙을 분석기에 흩뿌려 넣는 연습을 했다. 수차례 시도 끝에 드디어 6월 11일 분석기 안에 충분한 흙이 모였다. 휴~. 이제 본격적인 분석 작업을 시작할 수 있다. 같은 실험을 몇 차례 더 한 뒤 분석 결과를 수 주일 내에 지구로 전송했다.

그리고… 드디어 찾았다. 화성에서 물을 찾았다. 얼어 있는 흙을 채취해 오븐에 넣고 가열하자 0℃에서 얼음이 녹아내리며 수증기가 나왔던 것이다. 이것이 화성의 물 맛이로구나!

로봇팔로 퍼 올린 흙이 열처리가스 분석기 위에 있는 체에 걸렸다. 며칠 동안 흔든 끝에 분석기 안에 충분한 흙을 모았다.

입체영상 카메라 · 라이더 · 기상 분석장치 · 로봇팔 · 현미경 · 태양광 전자판 · 로봇 카메라 · 열처리가스 분석기

3. 520일간 떠나는 모의 화성 여행

1990년 개봉한 할리우드 SF영화 '토탈리콜'은 화성에 대한 대중적 관심을 모은 대표적인 영화로 손꼽힌다. 영화 속 주인공 퀘이드(아놀드 슈왈제네거)는 평소 꿈에 그리던 화성 여행을 제안받는다. 하지만 현실에서는 영화에서처럼 멋진 바캉스 가방을 끌고 간편한 옷차림으로 화성을 찾는 일은 불가능해 보인다. 여전히 화성은 500일이 넘는 시간을 기름 쓰고 적게 먹고 적게 써야 비로소 발 디딜 수 있는 불모의 땅, 오지 가운데 오지이기 때문이다. 끊임없이 쏟아지는 혜성 파편과 예측 불허의 위기를 운 좋게 모면해야 말이다. 어쩌면 영영 지구로 되돌아오지 못하는 '끔찍한 편도 여행'이 될 가능성도 높다. 2010년 5월 현재 러시아 모스크바 근교에서는 바로 이 과연 이런 고통을 감내하면서 화성을 밟을 수 있을지를 가늠하게 될 역사적인 실험이 진행 중이다. 유럽우주국(ESA)과 러시아연방우주청 산하 생물의학연구소(IBMP)가 2030년 유인화성탐사를 목표로 진행 중인 '마스500(MARS500)' 프로젝트가 바로 그것이다.

4개국 6명 참가자 520일간 격리 생활

프랑스와 독일, 이탈리아 등 유럽연합(EU) 소속 18개국이 회원으로 활동하는 ESA는 2030년까지 화성에 유인탐사선을 보내는 방안을 추진 중이다. '마스500' 프로젝트는 ESA가 추진 중인 2개 유인 우주개발 사업 가운데 하나다.

시모네타 디 피포 ESA 유인우주비행국장은 "화성이야말로 유인 우주 탐사 프로그램의 궁극적인 목적지"라고 말한다. 달 이외에는 지구 밖 천체에 발을 디딘 일이 없는 인류에게 화성이야말로 장거리 우주여행의 가능성을 열어줄 최적의 장소이기 때문이다.

ESA는 러시아 모스크바 인근의 한 시설에서 유럽과 러시아, 중국에서 지원한 6명이 참여한 가운데 화성에 사람이 다녀올 수 있을지를 가늠하는 격리실험을 진행하고 있다. 지구에서 화성까지의 거리는 7800만km. 지구와 달의 거리인 38만km보다 200배 정도 먼 거리이다. 우주전문가들은 달에 가는 데 3일 정도 걸렸던 데 비해 화성까지 가는 데 250일, 체류하는 데 30일, 화성에서 지구로 돌아오는 데 240일 정도 걸릴 것으로 보고 있다. 왕복 520일이 걸리는 대장정이다. 지금까지 개발된 유인우주선 가운데 가장 빠른 미국의 아폴로 우주선이 달에 다녀오는 데 걸린 시간이 10일 정도인 것과 비교하면 엄청난 시간과 비용이 소요될 전망이다.

6명의 실험참가자들은 격리시설에 머물면서 장기간 우주여행에서 발생할지 모르는 의사소통 문제와 심혈관계 질환, 스트레스와 면역력의 관계, 수면장애, 소화불량, 미생물의 위협에 관해 연구한다. 한국도 이번 실험에 볶은김치를 비롯한 10개 메뉴를 우주식품으로 공급하며 간접적으로 참여하고 있다.

'마스500(MARS500)'에 참가한 한
참가자가 러시아가 화성탐사용으로
개조한 올란(Orlan) 우주복을
착용하고 거주 모듈 앞에 서 있다.
이 우주복은 이번 실험에 사용하기
위해 지구 중력에 맞게 또 한 차례
개조됐다. 미국과 러시아, 유럽은
2030년 화성에 유인 탐사선을
보내는 계획을 추진 중이다.

러시아연방우주청 산하 생물의학연구소(IBMP)에 설치된
'마스500' 실험 시설. 550㎥ 공간에는 실험참가자들이
520일 가까이 머물 기 자충 질험 시설, 화성
착륙 훈련 시설, 화물칸이 들어서 있다.

화물칸 한쪽에는 각종 식물을 키울 수 있는 작은 실험용 온실이 있다. ESA 소속 참가자인 시릴 포니에가 작은 삽으로 실험대 위에 있는 작은 텃밭을 고르고 있다.

장거리 우주여행 위해 온실 꾸며

마스500 실험시설은 러시아 모스크바 북서쪽에 자리한 IBMP에 약 550m³ 규모로 조성됐다. 대형 고층 건물 한 층 규모가 채 안 되는 면적이다. 격리공간은 기능이 서로 다른 5개 모듈로 이뤄진다. 실험 참가자들은 거주 모듈과 기계 모듈, 의료 모듈에 머물며 장시간 격리생활에서 오는 신체변화를 측정하고 각자 맡은 실험 임무를 진행하게 된다.

지름 3.6m, 길이 20m에 긴 원통 모양의 거주 모듈에는 6명이 각자 쉴 개인 거처 6곳과 부엌 겸 식당, 거실, 화장실과 목욕실을 갖추고 있다. 실험참가자들은 대기압 상태에 인공적으로 만든 공기로 숨을 쉰다. 내부는 장기간의 격리 생활에서 오는 스트레스를 줄이기 위해 따뜻한 분위기를 연출하는 목재로 꾸몄다. 하지만 바깥과 연결된 창은 단 하나도 없다.

거주구역은 화성에 모의 착륙하는 상황을 시험할 수 있는 시뮬레이터와 화성 표면의 환경을 재현한 모의실험장치와 연결돼 있다. 유인 화성 탐사선이 화성 표면에 도착했을 때를 대비하기 위한 훈련 시설이다. 화물칸 한쪽에는 실험용 온실도 설치돼 있어 양파를 비롯해 각종 식물을 재배하게 된다. 장거리 우주여행에서 필요한 음식과 산소를 공급하는 식물을 연구하기 위한 장치다.

거주시설 내부는 자연스럽고 편안한 느낌을 살리기 위해 목재로 꾸몄다. 500일 넘게 바깥 출입을 하지 못하는 상황에서 생기는 스트레스를 완화하기 위해서다. 2009년 3월부터 105일간 진행된 격리실험에 참가한 러시아의 올레그 아르테미예프가 거주모듈에서 차를 마시고 있다.

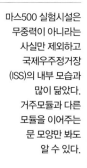

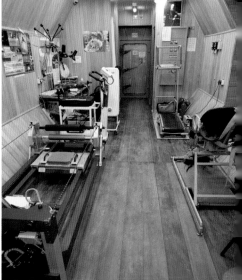

마스500 실험시설은 무중력이 아니라는 사실만 제외하고 국제우주정거장(ISS)의 내부 모습과 많이 닮았다. 거주모듈과 다른 모듈을 이어주는 문 모양만 봐도 알 수 있다.

2009년 3월부터 105일간
진행된 격리실험에
참가하는 러시아와 유럽
참가자들이 실험모듈에
들어가기에 앞서
신고식을 거행하고 있다.
이들은 100일 이상의
장거리 우주여행에서
발생하는 심리적 갈등이나
신체 변화에 관해 72개
실험을 수행했다.

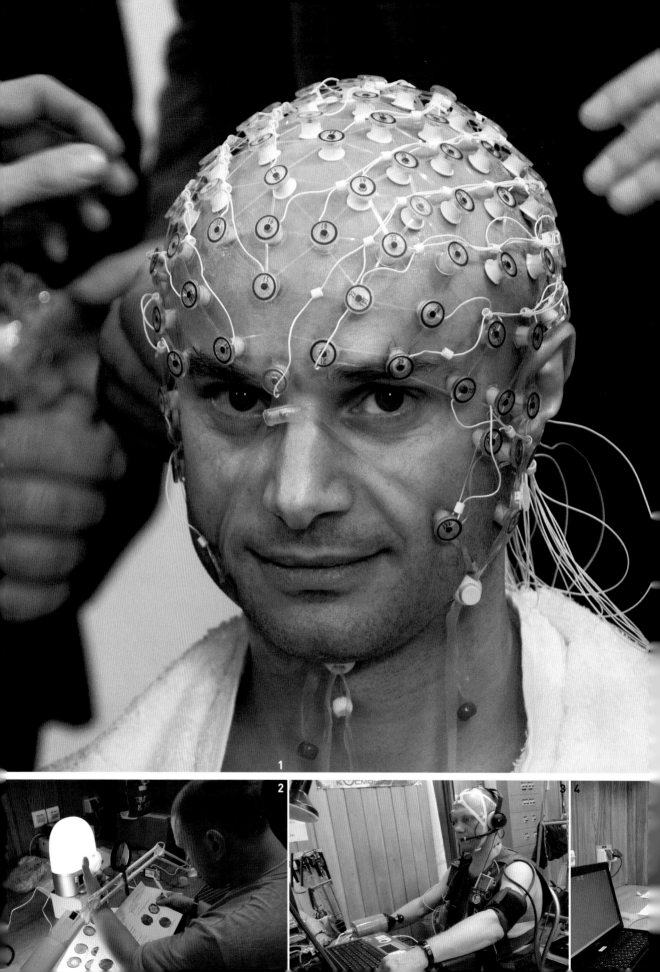

바깥과 20분 시간차

장거리 우주여행을 하기 위한 격리 실험이 처음은 아니다. 이번 실험에 앞서 2008년 실시된 첫 격리실험에서는 6명이 15일을, 2009년 3~7월 진행된 실험에서는 6명이 105일을 격리된 채 보냈다. 2010년 6월 3일부터 시작된 마지막 격리 실험에는 실험참가자 6명이 520일간 좁은 모형 우주선에서 갇힌 채 생활해야 한다. 그야말로 '유배 아닌 유배' 생활이나 다름없다.

실험기간이 이처럼 긴 까닭은 지구와 화성을 오가는 데만 최소 500일이 넘게 걸릴 것으로 예상되기 때문이다. 마스500의 실험에 참여한 연구자들은 "장거리 우주여행을 하면서 가장 큰 위험요인은 바로 인간"이라며 "화성까지 여행하는 동안 일어날 여러 가지 문제를 알아내기 위해 최대한 같은 환경에 노출하는 것이 목표"라고 입을 모은다.

이번 520일간의 격리 생활에는 11명이 참여한다. 먼저 유럽에서 파견된 2명과 러시아 출신 3명, 중국 출신 1명이 격리시설에 들어간다. 나머지 5명은 '백업' 요원으로 먼저 들어간 참가자에게 이상이 생겼을 때 대신 투입된다.

격리시설에서 생활하는 실험참가자들은 화성까지 가는 환경과 똑같은 상황에 맞닥뜨린다. 국제우주정거장(ISS)에 머무는 우주인들과 거의 똑같은 생활 조건이다. 그나마 외부와의 소통수단인 인터넷조차 20~40분씩 외부와 시간차를 두고 이뤄진다. 지구와 점점 멀어지면서 전파가 전달되는 시간이 오래 걸리는 상황을 가정한 것이다. 시간이 지날수록 보급품이 떨어질 것을 가정해 음식은 물론 옷가지, 비누 같은 생활용품도 점점 적게 공급된다.

❶ 장시간 격리돼 있으면 운동량이 부족해지면서 근육량과 칼슘이 줄어들게 된다. ISS 우주인들이 매일 운동을 하는 이유도 여기에 있다. 식사만으로는 한계가 있으며 꾸준한 운동은 필수다.
❷ 마스500 실험장치 내부와 바깥을 연결하는 유일한 수단은 폐쇄회로(CC)TV와 인터넷이 전부다. 가족과 면회를 하거나 언론 인터뷰도 CCTV를 통해 진행된다. 일부 참가자들은 20~40분 시차가 있지만 개인 블로그와 트위터 같은 수단을 이용해 일반인에게 궁금증을 풀어 줄 계획이다.

❶ 500일이 넘는 우주여행 기간 동안 좁은 우주선에 갇혀 지내다 보면 불면증에 걸릴 확률이 높다. ESA 소속 참가자인 시릴 포니에가 수면 중 뇌반응을 확인하기 위한 뇌전도(EEG) 측정용 전극을 달고 있다.
본격적인 격리 생활에 들어가면 각자 맡은 임무를 진행해야 한다. 미생물이 격리 공간에 미치는 영향을 연구하기도 하고(❷) ISS를 모방한 화성 탐사선 조종장치(조이스틱 모양의 물체)로 모의 착륙 실험을 진행하기도 한다(❸). 그중에서도 장기간 스트레스를 받을 경우 침 성분이 바뀌는 과정을 지켜보는 연구(❹)는 꽤 흥미롭다.

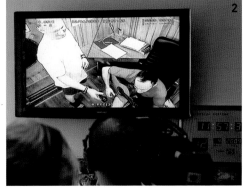

스트레스 완화 위해 식품 연구

프랑스와 벨기에, 러시아, 중국인으로 이뤄진 실험 참가자들의 조건은 상당하다. 나이는 25~31세. 모두가 고학력자이며 기계, 전자, 컴퓨터, 생명유지, 응급의학에 대한 기초 지식에 해박하다. 또 실험이 러시아에서 이뤄지는 만큼 러시아어와 영어에도 익숙해야 하고 체력 조건도 갖추고 있다.

특히 ISS에 머무는 우주인 이상의 강인한 정신력 또한 반드시 필요하다. 최소 500일 이상 걸리는 유인 화성 탐사를 가로막는 가장 큰 적은 스트레스. ESA와 IBMP 관계자들은 초기 2개월 안에 포기하는 사람이 나타날 것으로 예상하고 있다. 모듈 내부에서는 그야말로 시간이 철저히 정지된다. 외부와 철저히 격리된 채 햇빛을 보지 못하고 시간이 흐를수록 먹고 마시고 쓰는 행동에 제약을 받는다. 또 성적(性的) 욕구를 해소하지 못해 스트레스를 받을 수도 있다.

하지만 실제 화성 여행이 이뤄질 경우 가장 우려하는 부분은 바로 '공포심'이다. 전문가들은 지구로 영영 돌아가지 못할 수 있다는 위기감이야말로 탐사 내내 우주인들을 두렵게 만드는 최대 난적이라고 말한다.

이 때문에 제한된 공간에서 스트레스를 조절하는 다양한 방법이 연구되고 있다. 특히 먹을거리는 영양 불균형과 스트레스를 줄이는 데 효과가 있기 때문에 음식 문제만 해결해도 우주인들의 탐사 활동에 큰 도움이 될 것으로 기대하고 있다. 한국은 볶음김치와 분말고추장, 불고기, 잡채, 비빔밥, 호박죽, 식혜, 녹차, 홍삼차, 카레 등 한식으로 만든 우주식품 10종을 이번 실험에 공급했다. 식품은 귀환 단계에서 약 120일간 이들 실험참가자들의 식사 메뉴에 반영될 예정이다. 한국은 미국과 러시아에 이어 세계에서 세번째로 우주식품을 공급하고 있다.

마지막 520일간의 격리실험에 참가하려면 강한 인내심뿐 아니라 우주인 이상의 자격을 갖춰야 한다. 2009년 105일간 격리실험에 참가한 러시아 알렉세이 슈파코프가 우주인들이 받는 혹한기 지상 생존훈련에 참가해 도끼로 나무를 베고 있다.

격리실험에 참가한 참가자들은 우주비행사를 선발할 때보다 훨씬 많은 100가지 이상의 정밀 의학 검사를 통과해야 한다.

❶ IBMP를 방문한 가족들이 CCTV 모니터를 통해 실험시설 내부에서 생활하는 실험참가자들에게 노래를 불러주고 있다.
❷ 식당에 설치된 전자레인지 위에 실험참가자들이 먹을 음식이 흰 용기에 담겨 있다. 우주를 다녀온 우주인들은 대부분 음식을 가장 큰 스트레스 요인이라고 지목한다. 실제로 무중력 환경에서 장시간 생활하면 식욕이 떨어지면서 영양 불균형을 초래할 수 있다. 실험에서는 유인 화성 탐사에 사용될 우주식품을 선정하는 연구가 함께 진행된다.

520일간 격리실험에서는 처음으로 화성탐사용 우주복 실험이 진행된다. 여기엔 러시아의 신형 우주복 '올란'이 사용될 전망이다. 올란 우주복은 뒤쪽에 여닫이 문이 달려 있어, 이 문을 통해 안으로 들어가는 방식으로 입는다.

탐사선 카시니가 찍은 목성. 주로 수소와 헬륨으로
돼 있는 목성은 태양계의 나머지 행성 전체를 합한
것보다 부피가 2배 이상 크다.

● 1. 살아 꿈틀거리는 미니 태양계

또 다른 태양이 될 뻔하다

목성이 조금만 더 컸더라면 제2의 태양이 됐을 것이라는 재미있는 얘기가 있다. 사실 현재보다 50∼100배 정도나 몸집을 불려야 가능한 가정이다. 체급으로만 본다면 목성은 태양에 비할 수 없다. 하지만 태양계 형성 초기에 70%에 달하는 물질을 혼자 독차지한 행성답게 주변 위성과 함께 '미니 태양계'를 형성하고 있다.

태양계 속의 미니 태양계를 최초로 발견한 이는 398년 전의 갈릴레오 갈릴레이. 갈릴레이는 이탈리아 파도바의 집 정원에서 직접 만든 망원경으로 목성과 위성을 확인하고 태양계의 구조를 유추했던 것이다. 그 후 목성에 대해서만 1690년에 조반니 카시니가 자전속도를 측정하고, 1950∼60년대에는 전파관측으로 자기장의 존재를 확인하는 등 일부분만이 지상 관측을 통해 밝혀졌을 뿐, 위성에 대한 정보는 전무한 형편이었다. 단지 다른 행성의 위성(달이나 화성의 위성)과 다르지 않을 것으로만 생각하고 있었다.

1960년대 내행성에 대한 우주탐사가 미국과 옛소련의 경쟁 속에 이뤄졌지만 외행성에 대해서는 아직 여건이 마련되지 못했다. 그러던 중 절호의 기회가 뜻하지 않게 찾아왔다. 175년만에 돌아오는 외행성의 직렬 현상이 1970년대 후반에 있을 것으로 예측된 것. 독특한 행성 배열로 볼 때 각 행성의 중력을 이용해 방향을 바꾸고 속도를 증가시킨다면, 당시의 우주기술만으로도 한대의 탐사선이 비교적 단시간에 여러 외행성을 탐사할 수 있다는 것이다. 하늘이 주신 이 기회를 놓친다면 2155년까지 기다려야할 판. 이에 미국은 '그랜드 투어'(Grand Tour)라는 야심찬 계획을 수립했다. 하지만 예산이 부족해 '보이저 계획'으로 축소됐다. 미국은 1960년대에 행성 중력을 탐사선 비행의 도우미로 활용하는 신비행 기술을 수성탐사선 마리너10호에 성공적으로 활용한 바 있다.

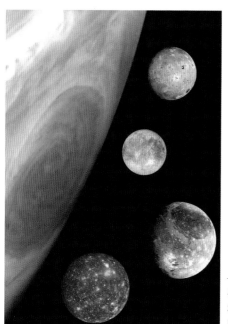

목성의 트레이드마크인 대적반과, 목성의 4대 위성인 갈릴레이 위성.
300년간 관측된 거대 태풍인 대적반은 목성에 고체표면이 없기
때문에 지구의 태풍과는 달리 수세기 동안 지속될 수 있었다.

목성

● 1. 살아 꿈틀거리는 미니 태양계

지구 밖의 바다
감지한 갈릴레오호

미국은 보이저 계획을 성공시키기 위해 보이저 탐사선이 화성 너머 우주 공간에서 겪게 될 위험에 대한 사전 정보가 필요했다. 이에 좀더 값싼 소형 탐사선을 보이저가 지나갈 경로에 파견, 보이저가 겪을 위험을 미리 체험하는 계획을 마련했다. 성능이 입증된 파이어니어 탐사선을 개조한 파이어니어10호와 11호가 선발대였다. 이들의 주관측대상은 우주먼지, 방사능, 자기장 등 우주공간과 행성주변환경이었다.

1972년에 발사된 파이어니어10호와 11호가 목성으로 가기 위한 첫 번째 관문은 돌과 먼지의 위협으로 가득 찬 폭 2억 8000만km의 소행성대. 파이어니어는 60여 개의 작은 먼지와 미미한 충돌만 한 채 6개월에 걸쳐 소행성대를 무사히 통과하는 쾌거를 이뤘다. 두 번째 관문은 지구의 약 2만 배나 되는 목성의 방사능. 탐사선의 전자장비가 손상돼 일부 사진자료가 손실되기도 했다. 하지만 1973년과 1974년 근접 비행(13만km까지 최근접)을 통해 행성 주변뿐 아니라 목성의 대적반과 극지역, 그리고 위성을 최초로 탐사했다.

성공적인 파이어니어의 체험은 보이저의 설계에 반영됐다. 1977년 보이저 1·2호는 장도에 올라 1979년 연달아 목성에 20만km까지 접근, 스쳐지나가며 5만장이 넘는 사진을 촬영하고 관측했다. 목성의 이력서를 새로 쓴 업적에는 희미한 목성 고리의 발견 등 여러 가지가 있었다. 무엇보다 큰 업적은 이오 위성에서 분출물이 200km나 솟아오르는 화산활동의 현장을 뜻밖에 생생히 목격한 것. 지구 밖에서 생동하는 지각을 가진 천체를 최초로 발견하는 순간이었다. 이 발견은 태양계를 좀더 다이내믹한 모습으로 바라보는 계기가 됐다.

다음으로 미국은 목성에 머물며 전문적으로 탐사할 궤도선과 대기 진입선 이 결합된 갈릴레오 계획을 추진했다. 원래는 갈릴레오 탐사선을 1982년에 발사, 직항로를 따라 1985년에 도착시킬 계획이었다. 그런데 우주왕복선과 발사로켓의 문제, 설계 변경 등 내우외환이 겹쳐 계획이 여러 번 연기되다 1989년에야 탐사선이 발사됐다. 또 발사로켓의 추진력이 부족해 우회로를 택하다보니 비행시간은 계획의 2배인 6년이나 소요됐다. 부족한 추진력은 금성과 지구를 돌며 구걸해야만 했고, 지구 접근 시에는 동력인 핵전지 추락을 우려한 환경단체로부터 고향

74

갈릴레오 탐사선은 우여곡절끝에 계획 이후 18년 만인 1995년에야 비로소 목성에 도착할 수 있었다. 2003년까지 장비의 수명을 초월한 놀라운 성능을 발휘했다.

행성에 접근하는 일조차 봉쇄당할 뻔한 수모를 겪어야 했다. 엎친데 덮친 격으로 지구와 교신해야 할 주안테나가 완전히 펼쳐지지 않아 어려움을 겪기도 했다.

하지만 갈릴레오호는 도착 전인 1994년에 목성이 혜성을 삼키는 모습을 포착하기도 했고, 도착 후인 1995년에는 보이저호의 100배에 달하는 해

상도로 목성을 관측해 새로운 발견을 일궈냈다. 특히 목성 대기로 들어간 하강모듈은 약 57분간 고열에 의해 녹아 없어질 때까지 대기성분과 물의 존재에 대한 조사를 펼쳤다. 그리고 목성의 중력을 이용해 위성들을 차례로 조사했는데, 특히 유로파, 칼리스토 등에서 액체의 바다가 존재할지 모르는 증거를 찾기도 했다.

놀라운 업적을 이룩한 갈릴레오호는 수명을 다하게 되자 위성과의 충돌로 탐사선에 묻은 지구의 박테리아에 의한 위성오염이라는 만일의 사태를 방지하기 위해 2003년 9월 21일, 14년의 비행과 8년의 활동을 뒤로 한 채 목성의 대기 속으로 폐기되었다. 이후 목성이나 그 위성을 재방문하기 위한 다양한 계획이 탁자에 올려졌지만 모두 쓰레기통에 버려지는 운명을 맞이했다.

● 2. 목성 탐사선 갈릴레오가 남긴 것

목성의 비밀을 벗긴 갈릴레오

2003년 9월 21일 새벽 3시 57분 지구에서 7억 km가 넘게 떨어진 우주공간에서는 조용하지만 장엄한 발걸음이 시작되고 있었다. NASA의 무인 탐사선 갈릴레오가 초속 50km로 목성의 대기권에 몸을 던지며 14년의 생애를 극적으로 마감했다. 갈릴레오는 46분 뒤 지구에 마지막 신호를 보내고 목성의 품에서 불꽃처럼 사라졌다.

17세기 이탈리아 천문학자 갈릴레오 갈릴레이의 이름을 딴 목성탐사선 갈릴레오는 그동안 이름에 걸맞는 활약을 펼쳤다. 천문학자 갈릴레이가 1610년 직접 만든 망원경으로 목성의 4대 위성인 이오, 유로파, 가니메데, 칼리스토를 처음 발견했듯이 탐사선 갈릴레오는 목성 주변을 34차례 돌면서 4대 위성을 비롯한 목성 가족들의 진면목을 낱낱이 보여 주었다.

갈릴레오는 최초로 목성 대기에 탐사장비를 떨어뜨려 구성성분을 조사했고, 4대 위성 가운데 유로파, 칼리스토, 가니메데가 표면 아래에 바다를 품고 있다는 증거를 찾아냈으며, 이오에서는 거대한 화산의 폭발 장면을 포착하기도 했다. 총 46억 km에 달하는 거리를 탐험하며 30GB의 정보와 1만 4000장의 사진을 지구로 보내왔다.

갈릴레이는 직접 만든 망원경으로 목성의 위성 4개를 발견했다. 큰 천체 주위를 돌고 있는 작은 천체의 모습은 지동설을 뒷받침하기도 했다. 이런 업적으로 인해 NASA가 보낸 목성 탐사선에 당연하게도 갈릴레이의 이름이 붙었다.

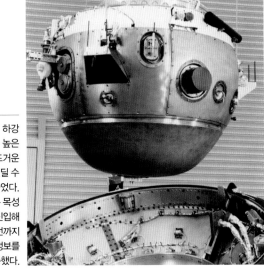

갈릴레오의 하강 모듈. 목성의 높은 기압과 뜨거운 온도를 견딜 수 있도록 만들었다. 하강 모듈은 목성 대기에 진입해 부서지기 전까지 관측 정보를 전송했다.

갈릴레오가
우주왕복선에서
떠나는 모습.
갈릴레오는 1989년
우주왕복선
아틀란티스에 실려
우주로 올라갔다.
목성에 도착한
것은 6년 뒤인
1995년이다.

● 2. 목성 탐사선 갈릴레오가 남긴 것

혜성 충돌 우주 쇼 직접 목격

갈릴레오는 1989년 10월 18일 우주왕복선 아틀란티스에 실려 지구 궤도에 올라갔다. 원래 3년 반 동안 목성으로 직접 갈 계획이었는데, 이럴 경우 강력한 힘을 내기 위해 다른 추진 장비의 도움을 받아야 했다. 하지만 1986년 챌린저 폭발사고 이후 NASA의 안전제일 원칙에 따라 우주왕복선에 많은 장비를 싣지 못하게 됐다. 결국 갈릴레오는 목성까지 가는 데 필요한 힘을 얻기 위해 행성의 중력을 이용하는 방법을 선택했다.

갈릴레오는 금성과 지구 사이를 세 번 왔다갔다하면서 중력의 도움을 받아 목성으로 향했다. 행성 주위를 돌면서 추진력을 얻는 원리다. 마치 줄에다 돌을 매고 빙빙 돌리다가 줄을 풀면 돌이 힘차게 날아가는 것과 비슷하다. 물론 목성으로 가는 데는 원래보다 긴 6년이 걸렸다. 하지만 목성으로 가는 도중 뜻하지 않은 성과도 거두었다.

1991년 10월 갈릴레오는 탐사선 최초로 소행성을 만났다. 가스프라라는 이름의 소행성에 1천 600km까지 접근했다. 갈릴레오의 사진에 드러난 가스프라는 구덩이 투성이에 길이가 20km인 제멋대로 생긴 럭비공 모양이었다. 신기하게도 표면에는 먼지 같은 미세한 흙이 덮여 있었다.

또 2년쯤 뒤인 1993년 8월에는 우주 관측 역사상 최초로 소행성을 돌고 있는 달을 발견했다. 가스프라보다 더 큰, 길이 55km의 소행성 이다를 만났는데, 1.6km 떨어진 거리에서 조그만 달이 이다를 돌고 있는 것이 아닌가. 지름 1.5km 정도의 이 조그만 달에는 댁틸이라는 이름이 붙여졌다.

1994년 7월에는 20세기 최고의 '우주 쇼'를 직접 목격하는 행운을 누렸다. 바로 혜성이 목성에 충돌하는 모습. 1993년 3월에 발견된 슈메이커-레비9 혜성은 점차 목성에 다가가면서 여러 조각으로 부서졌고 발견 후 1년 4개월 만에 목성과 정면으로 충돌했다. 충돌은 지구에서 볼 때 목성의 반대편에서 일어났는데, 공교롭게도 목성으로 다가가던 갈릴레오의 시야에 들어왔다. 갈릴레오는 혜성 충돌이라는 놀라운 장면을 직접 포착해 우리에게 보여 줄 수 있었다.

❶ 1994년 목성에 충돌한 슈메이커-레비9 혜성. 목성에 다가가면서 조석력에 의해 21조각으로 부서졌다. 천문학자들은 역사상 처음으로 태양계의 두 천체가 충돌하는 광경을 목격했다.
❷ 목성 남반구에 충돌한 흔적이 남았다. 짙은 갈색 점이 바로 혜성 조각이 충돌해 남긴 흔적이다.

1

2

● 2. 목성 탐사선 갈릴레오가 남긴 것

갈릴레오, 목성 대기에 자폭한 이유

갈릴레오는 1995년 12월에야 목성에 도착했다. 하지만 탐사는 이미 5개월 전부터 시작되고 있었다. 탐사장비가 목성대기를 향해 투하됐던 것. 탐사장비는 대기 온도가 150℃를 넘자 통신이 두절됐다. 대략 22기압에 해당하는 깊이까지 도달했던 것으로 보인다. 특히 대기 원소를 측정한 결과, 목성은 전체 가운데 수소가 81%, 헬륨이 18%로 밝혀져 수소가 73%, 헬륨이 25%를 차지하는 태양과 다른 원소 조성비를 보여 주었다.

물론 본격적인 탐사는 목성에 도착한 뒤 시작됐다. 갈릴레오는 도착 후 23개월 동안 목성 주변을 11회 돌면서 '주요 미션'을 수행했다. 목성의 4대 위성 중 하나인 가니메데에 4회, 칼리스토와 유로파에 각각 3회씩 가까이 접근했다. 이때 NASA의 보이저1호와 2호가 1979년 목성을 지나가는 동안 접근했던 것보다 100~1000배는 더 가까이 다가갔다. 각 접근시기마다 갈릴레오가 각 위성의 표면과 특징을 얼마나 자세히 관측하고 촬영했는지 1주일의 탐사가 끝나면 탐사선의 기록장비가 꽉 찼다. 이 자료를 지구에 보내기 위해서는 다음 1~2달이 걸릴 정도였다.

갈릴레오의 주요 미션은 1997년 12월에 끝났다. 이후에도 탐사선은 능력을 십분 발휘해 3차례 미션이 더 진행됐다. 첫 번째 연장 임무는 '갈릴레오 유로파 미션'. 2년간 유로파를 철저하게 조사하기 위해 8회 접근했고, 칼리스토에 4회, 이오에 2회 다가갔다. 특히 갈릴레오는 유로파의 얼음 표면 아래에 액체 바다가 존재해 왔고 아직도 있다는 증거를 더 찾아냈다. 유로파에서 버스만 한 물체도 볼 수 있을 정도로 접근했다.

유로파 탐사 뒤 갈릴레오는 4대 위성 가운데 제일 목성에 가까운 이오를 탐사했다. 탐사선은 목성에서 나오는 위험한 방사선을 무릅써야 했다. 탐사

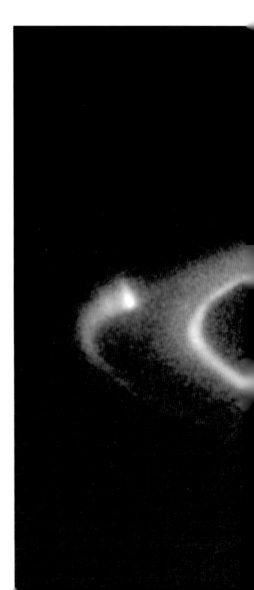

갈릴레오의 하강 모듈이 낙하산을 펴고 목성 대기로 진입하는 모습을 그린 상상도.

선이 목성에 가장 가까이 접근했을 때 사람에게 치명적이라고 생각되는 정도보다 25배나 강한 방사선을 만났다. 지구에서 탐사선을 통제하던 기술자들은 밤을 새워가며 탑재 컴퓨터에 미칠 방사선의 효과를 없애기 위해 노력했고, 덕분에 갈릴레오는 이오의 강렬한 화산활동을 포착할 수 있었다.

또 갈릴레오는 목성의 대기에서 거대한 뇌우(천둥과 번개를 동반한 폭풍우)를 많이 관측했다. 특히 이들 뇌우는 적도 위아래의 특정 지역에 집중돼 있고 그 곳에는 바람이 거칠게 몰아치고 있었다. 비록 번개가 치는 횟수는 지구에서보다 더 적은 것처럼 보였지만, 번개의 위력은 지구에서 치는 번개보다 1000배까지 더 강한 것으로 드러났다.

두 번째 연장 미션은 2001년까지 진행된 '갈릴레오 밀레니엄 미션'이다. 갈릴레오는 목성의 4대 위성에 이전보다 좀 더 가까이 다가갔다. 특히 2001년에 이오의 북극과 남극 위를 지나가며 이오와 주변 자기장을 조사했다. 또 밀레니엄 미션 중인 2000년에는 토성으로 가는 도중이던 NASA의 탐사선 카시니와 공동으로 목성의 거대한 자기권을 관측하기도 했다.

이후 갈릴레오는 2002년 11월 이전보다 목성에 더 가까이 가며 이오 크기의 10분의 1보다 더 작은 위성 아말테아를 탐사하고 목성의 고리와 가장 안쪽의 자기권을 조사했다. 결국 2003년 9월에는 목성의 대기에 정면충돌하며 마지막 미션을 마쳤다. 탐사선의 연료가 다 됐기 때문에 훗날 통제 불능 상태에 빠져 생명체가 있을지도 모를 유로파에 부딪치는 일을 미연에 방지하기 위해서였다.

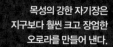

목성의 강한 자기장은 지구보다 훨씬 크고 장엄한 오로라를 만들어 낸다.

● 2. 목성 탐사선 갈릴레오가 남긴 것

화산 분출물, 남한의 세배 면적 뒤덮어

이제 5년이 넘는 동안 갈릴레오가 목성의 인공위성으로서 목성 주변을 누비며 거둔 과학적 성과를 살펴보자. 무엇보다 가장 큰 성과는 유로파의 얼음 표면 아래에 액체 바다가 존재한다는 설을 뒷받침할 만한 증거를 찾은 것이다. 모든 생명체의 근원인 물이 지구 밖에도 있다면 외계 생명체의 가능성은 그만큼 커지는 셈이기 때문이다.

유로파 표면에는 한때 완전했던 지형들이 새로운 얼음에 의해 서로 갈라진 것처럼 보이는 곳이 많다. 이는 오래된 지형들이 분리됐을 때 지구의 극지방에서 빙산이 떠다니듯이 한때 물에 떠다녔다는 점을 암시한다. 또 유로파 표면에는 그 아래 있는 물이나 따뜻한 얼음이 솟아오르면서 무너진 것처럼 추정되는 특이한 붕괴지형도 보인다.

갈릴레오의 자기장 자료를 보면 유로파뿐 아니라 가니메데와 칼리스토도 표면 아래에 액체 바다가 있을 것으로 예상된다. 가니메데와 칼리스토 주변의 자기장은 표면 아래에 전기적으로 전도된 층이 존재하고 있는 것처럼 변한다. 이 전도층이 바로 소금기를 머금은 바다일지 모른다는 얘기다.

갈릴레오는 유로파, 가니메데, 칼리스토에 얇은 대기가 존재한다는 증거도 잡았다. 과학자들은 목성의 자기권에서 온 대전 입자들이 얼음으로 뒤덮인 위성 표면에 부딪쳐 수증기와 다른 분자를 방출시켰을 것으로 예상했다.

특히 갈릴레오는 행성처럼 자기장을 발생시키는 위성 가니메데의 위력을 확인했다. 사실 가니메데는 자기장이 있다고 알려진 최초의 위성이다. 목성의 다른 위성들이 강한 자기장에 의해 유도된 2차 자기장을 갖는 것과는 전혀 다르다. 가니메데의 자기권은 행성인 수성보다 더 크고, 자기력선의 경우에는 지구의 밴앨런복사대와 비슷한 소규모 복사대에 대전입자가 붙잡혀 있다.

또 갈릴레오는 위성 표면을 자세히 관측해 여러 현상을 밝혀냈다. 유로파 표면에는 데워지고 갈라지는 일이 연속적으로 일어나 생긴 고리 모양의 틈이 수백km에 걸쳐 있고, 수평으로 밀린 거대 단층은 지구에 있는 샌앤드레이어스단층의 캘리포니아 지대에 해당할 만한 규모다. 가니메데는 단층 및 균열과 함께 고도의 지질학적 활동이 있었음을 보여 주고, 칼리스토는 수많은 충돌 구덩이의 일부가 광범위하게 침식을 받아 매끄러운 외모를 보여 준다.

목성의 위성 가운데 돋보이는 표면 현상은 바로 이오의 대규모 화산 활동이다. 이오의 화산 활동은 지구에서 발견되는 것보다 100배나 규모가 더 크고, 끊임없이 표면을 변화시키고 있다. 1979년 보이저호의 방문 이후에도 많은 변화가 있었지만, 갈릴레오 미션이 진행되는 동안에도 큰 변화가 있었다. 예를 들어 5개월 동안 필란이란 이름의 화산에서 뿜어져 나온 화산 분출물이 남한의 3배 면적을 뒤덮었다.

이오의 화산 활동을 분석한 결과 분출물은 대부분 액체 상태의 규산염 암석으로 구성돼 있고, 용암의 온도는 황과 같은 물질을 녹이기에 충분

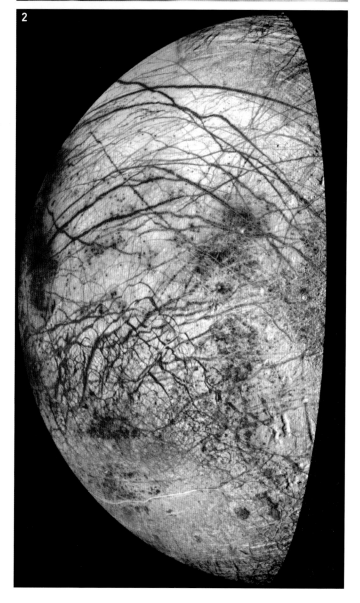

한 것으로 밝혀졌다. 이 온도는 오늘날 지구에서
일어나는 화산 분출 때보다 높은 것이다. 아마도
30억 년 이상 전에는 지구에서도 이와 비슷한 화
산 활동이 있었을 것으로 추정된다.

이 밖에 갈릴레오는 이오의 화산 활동이 주변
의 플라스마 환경에 복잡하게 영향을 미친다는
사실을 밝혀냈고, 거대한 목성 자기권에 오래
머물면서 자기권의 전체 구조와 동력학을 파악
했다.

특히 강력한 전자가 이오와 목성 대기를 연결
하는 자기력선을 따라 움직이며, 목성에서 오로
라가 발생하는 지역은 자기권과 연결돼 있다. 다
시 말하면 목성이 자전할 때 주변의 자기장도 함
께 끌려가면서 이오의 물질을 매초 1t씩 벗겨내는
데, 이들 물질이 자기장에서 이온화되고 일부 이
온이 자기장을 따라 움직이다가 목성 상층대기에
부딪쳐 오로라를 만들어 낸다.

무엇보다도 갈릴레오는 목성 위성에서 바다가
존재한다는 증거를 찾아내 지구 밖에도 생명체가
존재할 가능성을 한껏 부풀렸다. 이제 생명체를
확인할 수 있는 좀더 강력한 장비를 동원해 다시
한번 목성을 방문하는 일만 남았다.

토성

1. 얼음 목걸이 두른 태양계의 꽃미남

토성을 방문한 손님

토성의 신비로운 마법에 처음으로 걸린 이는 갈릴레오 갈릴레이. 1610년 처음 망원경으로 토성을 관측했지만, 아쉽게도 그는 고리를 2개의 위성으로만 생각했다. 그후 1655년 크리스티안 하위헌스, 1671년 조반니 카시니, 1837년 요한 엔케는 갈릴레이의 망원경보다 향상된 관측장비로 고리와 위성을 발견하는 등 토성의 다양한 모습을 밝혀냈다. 하위헌스는 토성을 관측하고 토성의 고리가 얇고 평평한 고체라고 생각했다. 카니시는 고리를 둘로 나누는 틈을 발견했다. 이 틈은 '카시니의 간극'이라고 불린다. 한편 엔케는 토

❶ 토성을 방문한 보이저.
❷ 토성은 목성 다음으로 큰 행성이며 기체로 이뤄진 가스 행성이다. 지름은 지구의 9배이며, 질량은 지구의 100배에 가깝다. 거대한 고리가 있어 태양계에서 가장 아름다운 행성으로 꼽힌다.

성 고리가 부위에 따라 밝기가 다르다는 사실을 확인했다. 그리고 갈릴레이의 관측 이래 370년이 지난 뒤 인류의 탐사선들이 3회 연속 토성과의 만남을 시도하기 시작했다.

토성을 최초로 방문한 손님은 보이저에 앞서 선발대로 파견된 파이어니어11호. 1973년에 발사된 파이어니어11호는 6년의 비행 끝에 목성을 돌아 토성에 2만 2000km까지 근접하면서 행성과 고리, 위성에 대한 사전 조사를 벌였다. 이를 통해 목성처럼 토성도 태양으로부터 받는 에너지의 2배에 달하는 열을 우주로 방출하고, 토성 주위의 자기장 크기가 예상보다 작다는 사실도 알게 됐다.

1977년에 발사된 보이저1호는 놀라운 스피드로 파이어니어11호가 걸린 시간의 절반밖에 들이지 않고 토성에 도달했다. 선발대가 슬쩍 엿본 지 14개월 뒤인 1980년 11월 본격적인 조사를 펼치기 위해 보이저1호가 드디어 토성에 접근하기 시작했다. 이어 10개월 뒤인 1981년 8월에는 보이저2호가 토성 옆을 스쳐 지나갔다. 비록 짧은 시간 동안 스쳐 지나갔지만 이 순간을 위해 준비된 11개의 과학장비들은 쉴새없이 작동했다.

이를 통해 토성의 대기층이 목성에 비해 두껍고 대기층의 띠는 목성과는 달리 극지역까지 있으며, 띠의 폭은 북반구에 비해 남반구에서 더 넓은 것으로 나타났다. 이는 토성의 자전축이 26.73°만큼 기울어져 생기는 계절 변화 때문인 것으로 여겨진다. 또한 적도에서는 목성에서 부는 바람보다 5배나 빠른 시속 1500km 이상의 강력한 바람이 휘몰아치고 있다는 사실도 알게 됐다. 따라서 목성의 대기를 조사하기 위해 내려보냈던 갈릴레오호의 소형탐사선에 비하면, 토성의 대기 속으로 들어갈 탐사선은 무서운 강풍을 뚫을 수 있도록 만들어야 한다. 토성의 극지방에서는 오로라 활동도 감지됐다.

1. 얼음 목걸이 두른 태양계의 꽃미남

화려한 고리 지나쳐 타이탄으로

보이저의 탐사활동 중 가장 많은 관심을 모은 대상은 역시 고리. 토성의 트레이드 마크인 화려한 고리를 가까이서 살피는 일은 고리의 실체를 파악할 수 있는 절호의 기회였기 때문이다. 보이저가 밝힌 고리의 수는 무려 1만 개 이상. 토성의 고리는 거대한 레코드판과 같은 모양이었다. 1675년 카시니가 하나의 원판이 아니라 분리된 형태라는 사실을 처음으로 발견한 뒤, 점차 성능이 좋아진 망원경을 통해 고리가 여러 개라는 점을 알게 됐지만 3개가 지상관측의 한계였다.

보이저의 탐사에 따르면, 고리를 형성하고 있는 물질은 모래알 만한 크기에서 자동차 만한 크기까지의 얼음 덩어리다. 이들이 약 7만km의 폭에 걸쳐 흩어져 있지만, 고리의 두께는 수백m에 불과한 것으로 나타났다. 이같이 얇은 두께 때문에 토성의 고리는 29년에 2번씩 지구에서 바라보는 시선과 나란해질 때 보이지 않게 된다. 보이저는 이런 고리 속을 과감히 뚫고 지나가기도 했는데, 다행히 기체는 아무런 손상을 입지 않았다.

토성탐사 뒤 보이저1, 2호의 비행경로는 판이하게 달라졌다. 보이저1호는 토성만을 탐사하고 태양계 밖으로 빠져 나간 반면, 보이저 2호는 천왕성과 만날 수 있는 궤도에 들어섰다. 보이저1호도 2호처럼 다른 외행성을 탐사할 수 있는 능력이 있었음에도 불구하고 왜 토성만을 탐사하고 폐기된 것일까. 다름아닌 토성의 위성 하나 때문이었다. 많은 과학자들의 노력이 들어간 값비싼 탐사선의 마지막 비행 경로를 결정한 위성의 이름은 '타이탄'.

타이탄은 20세기 초부터 다른 위성과 달리 대기의 존재가 간접적으로 관측돼 많은 관심을 불러일으켰다. 특히 칼 세이건을 비롯한 일부 과학자들이 타이탄의 대기가 원시 지구와 같을지도 모른다고

착륙니인 하위헌스는 낙하산과 열방호 장치를 이용해 타이탄에 착륙했다.

토성의 고리는 주로 얼음이며 약간의 바위와 먼지가 섞여 있다. 토성이 생길 때 남은 성간 물질이 고리가 됐다는 설과, 위성 하나가 부서지면서 잔해가 고리가 됐다는 설이 있다.

주장하면서, 타이탄은 토성 탐사목록 중에서 중요한 순위를 차지하게 됐다.

타이탄에는 지구처럼 질소가 주성분인 짙은 안개가 있어 광학장비로 표면을 볼 수 없었다. 때문에 보이저1호는 전파를 이용해 타이탄의 대기를 관측해야 했다. 탐사선에서 전파를 발사해 전파가 타이탄의 대기를 통과하는 모습을 지구에서 관측하는 식이다. 이를 위해 탐사선의 경로를 틀어 지구에서 봤을 때 타이탄의 뒤편으로 가도록 했다. 관측 결과 타이탄의 대기압력은 지구의 1.6배이며 표면온도는 영하 183℃임이 밝혀졌다. 그리고 이런 조건에서라면 메탄이나 에탄의 바다가 존재할 수 있으며, 낮은 온도로 인해 유기화합물이 수십억 년 동안 화학적 역사의 기록을 간직한 채 동면해 있을 것으로 생각됐다.

대기의 동면 모습을 볼 수 있는 방법은 단 하나. 타이탄의 대기 속으로 들어가보는 것이다. 미국과 유럽이 공동으로 제작한 카시니 탐사선이 1997년 태양계 탐사 역사상 최대의 발견이 될지도 모를 타이탄 탐험에 올랐다. 2004년부터 토성의 궤도에 진입한 최초의 토성 궤도형 탐사선인 카시니에는 위성 타이탄의 최초 발견자인 하위헌스의 이름을 딴 소형탐사선이 부착돼 있다. 소형탐사선은 하위헌스의 후예들인 유럽우주기구에서 제작한 것으로, 모선이 카시니호에서 2004년 크리스마스에 분리되어 2005년 1월 14일 타이탄에 착륙을 시도했다. 오렌지색 대기속으로 초음속의 속도로 들어간 하위헌스는 열방호 장치와 낙하산을 이용, 무사히 착륙했으며 1시간 20분간 750여 장의 사진을 보내왔다.

하위헌스가 밝힌 타이탄의 속모습은 다소 놀라웠다. 지표의 모습은 메탄의 바다나 호수는 없었고 메마른 강바닥과 같았으며 둥근 돌들이 수없이 있는 지구의 지형과도 비슷했다. 하지만 궤도를 도는 카시니가 레이더로 관측한 타이탄의 북극 근처에는 메탄의 호수도 있는 것으로 관측됐다. 아직 타이탄은 하위헌스에 자신의 완전한 모습을 보여 주지 않은 것 같았다.

2. 태양계 타임캡슐 토성에서 무엇을 발견했나

토성에 간 카시니

2004년 7월 1일, 우리나라 시각으로 오전 NASA과 ESA의 과학자들은 잔뜩 긴장을 하고 있었다. 17개국 260여 명의 과학자들이 30억 달러(약 3조 원)와 30년 가까운 세월을 투자해 개발한 카시니가 토성의 궤도에 진입하려는 순간을 맞이했기 때문이다.

1997년 10월 15일에 지구를 떠났던 카시니는 무서운 속도로 토성에 접근하고 있었다. 토성 궤도에 머물기 위해서는 카시니가 이제 96분간 마지막 연료를 태우면서 속도를 줄여야 했다. 다행히 엔진은 오전 11시 36분에 성공적으로 작동했다.

카시니는 궤도진입과정에서 얼음과 작은 돌덩어리로 이뤄진 토성의 고리 면을 2차례 통과했다. 이때 카시니호는 1초에 700여 개꼴로 작은 먼지입자비를 맞았다. 카시니에는 전파와 플라스마 관측 장치가 장착돼 있는데, 이것으로 당시의 상황을 녹음한 소리는 마치 양철 지붕에 우박이 떨어지는 것처럼 요란했다고 한다.

오후 1시 12분 엔진점화를 마치고 난 카시니는 토성의 궤도를 도는 최초의 우주탐사선이 됐다. 카시니는 왜 토성을 찾았던 것일까.

토성은 태양계에서 목성 다음 큰 행성으로, 고대부터 사람들이 눈으로 직접 볼 수 있었던 행성 가운데 하나다. 로마인들은 토성을 시간의 상징으로 여겼다. 또한 농업이 시간에 따라 변하는 계절에 영향을 받기에 토성을 농업의 신으로 숭배했다.

오늘날 과학자들에게도 토성은 시간에 대해 중요한 의미를 지닌다. 토성이 태양계의 먼 과거 모습을 보여 준다고 여기기 때문에, 카시니가 토성을 탐사하기 위해 찾은 것은 마치 타임머신을 타고 먼 과거의 태양계로 시간여행을 하는 것과 같다.

토성의 고리와 위성은 초기 태양계의 형성 단계와 흡사하다. 원시 태양계에서는 가스와 먼지들이 서로 뭉치면서 태양이 탄생하고 남은 가스와 먼지가 행성이 됐다. 토성을 만들고 남은 입자들이 지금 고리와 위성들로 남은 것처럼 말이다. 그래서 토성은 초기 태양계의 축소판으로 여겨지고 있다. NASA의 에드 와일러 박사는 "행성의 진화에 대한 기본적인 질문에 대한 답을 여기에서 찾을 수 있다"고 말했다.

물론 토성에만 고리와 위성이 있는 것은 아니다. 지구를 비롯한 여러 행성이 위성을 갖고 있지만, 그 수에서 토성은 다른 행성을 압도한다. 또한 목성, 천왕성, 해왕성도 고리를 갖고 있지만, 지구와 달 사이를 거의 채울 정도로 큰 고리는 토성에만 있다. 그래서 간단한 망원경으로도 밤하늘에서 토성의 고리는 확인이 가능하다.

카시니는 토성의 궤도에 진입해 고리를 통과하면서 이제까지 보지 못했던 세세한 고리의 모습을 사진으로 찍어 지구로 보냈다. 이 사진을 본 NASA의 과학자 린다 스필커 박사는 "고리에 대한 우리의 생각을 크게 확장시켜 준다"고 말했다.

제트추진연구소(JPL)의
연구원들이 카시니의
과학탐사장치를
검사하고 있는 모습.

카시니가 토성 궤도로
진입하는 모습을 그린
상상도.

2. 태양계 타임캡슐 토성에서
   무엇을 발견했나

토성 고리의 수수께끼

토성의 고리는 A부터 F까지 분류돼 있다. 이것은 발견 순서에 따라 붙여진 것으로, 알파벳 순서와는 관련이 없다. 안쪽부터 나열하면 D, C, B, A, F, G, E 순이다. 그리고 고리는 얼음과 돌멩이 같은 작은 입자로 이뤄져 있는 것으로 알려져 있다. 고리는 지름이 약 30만km에 달하는데, 이는 지구와 달 사이의 거리의 4분의 3 정도에 해당한다.

고리의 기원은 수수께끼다. 이에 대해 과학자들은 몇가지 가설을 내놓고 있다. 먼저 초기 태양을 이룬 가스와 먼지가 토성 주변에 남아 형성됐다는 가설이 있다. 또 토성의 중력으로 인해 위성이 분열해서 형성됐다는 주장도 있다. 이외에도 수많은 혜성이 토성의 중력에 붙잡히면서 파괴돼 형성된 것으로 보기도 한다. 카시니는 현재 고리의 기원 문제를

토성 고리를 자세히 보면 수없이 많은 고리로 이뤄져 있다.
왼쪽으로 갈수록 토성에 가깝다.

이루는 입자가 대부분 얼음이라는 사실도 밝혀냈다.

한편 토성의 고리 사이의 빈 공간, 즉 A와 B고리 사이의 수천km의 틈인 카시니 간극을 비롯해 A고리에 있는 엔케 간극, 그리고 F고리에서 정체가 밝혀지지 않은 먼지 입자들이 발견됐다. 이 먼지 입자는 얼음보다 훨씬 작고 어둡다. 그래서 이 공간이 마치 빈 것처럼 보였던 것이다. 과학자들은 이 먼지 입자들이 태양계 밖에서 온 물질로부터 형성됐을 것으로 생각하고 있다.

카시니의 이미지그룹을 이끄는 카롤린 포코 박사는 "14년간 이 임무를 수행해 왔지만 처음으로 이 사진들을 봤을 때 감탄을 금치 못했다"고 말했다. 카시니에 장착된 영상 장비의 해상도는 인간의 눈 정도라고 한다. 우리가 보는 카시니의 영상은 우리가 카시니를 직접 타고 가서 본 것과 비슷하다는 말이다. 이번 고리 영상은 1981년 보이저2호가 토성을 스쳐지나가면서 찍은 것보다 해상도가 100배나 높다. 카시니에는 가시광선, 자외선, 그리고 적외선 촬영 장비가 장착돼 있다.

토성의 우주탐사선과 타이탄의 착륙선을 각각 카시니와 하위헌스라고 이름 붙인 까닭은 무엇일까. 답은 토성 관측의 역사에서 찾을 수 있다. 아름다운 고리는 망원경이 발명된 1609년경에야 최초로 관측됐다. 갈릴레이가 자신이 만든 조잡한 망원경으로 토성을 본 것이다. 그렇지만 갈릴레이는 토성에서 고리를 구분해 내지 못했다.

그의 눈에는 고리가 토성에 거의 붙어 있는 또 다른 위성쯤으로 보인 것이다. 그는 "놀랍게도 토성은 하나의 별이 아니라 2개의 위성이 거의 닿아 있는 별로 보인다"고 기록했다. 고리의 비밀은 1659년 네덜란드인 하위헌스가 밝혀냈다. 훨씬 성능이 좋아진 망원경으로 관측한 하위헌스는 갈릴레이가 본 것이 위성이 아니라 얇고 평평한 고리라고 발표했다. 물론 그의 발표도 당시에는 상당한 반발에 부딪혔다고 한다.

이후 하위헌스는 타이탄을 비롯해 아이아페투스, 레아, 테티스, 그리고 디오니 위성을 발견했다. 고리에 대한 증명은 프랑스인 카시니의 관측으로 확정됐다. 1675년 카시니는 고리가 크게 두 부분으로 나눠져 있다는 것을 발견했다. 카시니 간극이 그것. 따라서 이 토성탐사선은 토성에 얽힌 과학자들의 부활인 셈이다. 그런데 왜 갈릴레이가 빠졌을까. 갈릴레이는 목성의 주요 위성을 발견했던 공로도 있어 1995년에 목성에 도착한 궤도탐사선으로 먼저 부활했기 때문이다.

푸는 데 필요한 여러 자료를 전송해 주고 있다.

카시니가 궤도 진입 뒤 처음으로 보낸 영상에는 물결과 같은 고리의 움직임이 드러났다. 이는 고리 주변을 지나는 위성이 입자들을 끌어당겨 생기는 것으로 설명됐다. 이 점은 과학자들이 이미 짐작한 바였는데, 카시니가 이를 눈으로 직접 확인시켜 준 것이다.

이와 함께 이 영상은 토성의 고리를 이루고 있는 입자들에 대한 새로운 정보를 제공해 줬다. 토성의 고리를 이루는 얼음과 알갱이의 크기에 대한 것이다. 이에 따르면 구성 입자의 크기는 가루처럼 작은 것부터 낱알만 하게 큰 것까지 다양했다. 또한 입자의 크기가 토성에서 멀어질수록 점점 커지는 경향이 있었다. 카시니의 고리 영상은 토성 고리를

1. 누워서 태양계 누비는 푸른 공

보이저의 천왕성 탐사

보이저2호에게 천왕성 탐사의 명령이 떨어진 때는 토성에 접근하기 9개월 전이었다. 물론 모든 것이 순조롭지만은 않았다. 최대 위기는 토성에 가장 접근한 직후에 찾아왔다. 보이저에는 주요 탐사장비가 긴 막대 양끝의 구동장비에 설치돼 있고, 장비들은 구동장비 덕분에 탐사 목표를 향해 움직일 수 있다. 그런데 이 구동장비가 마비돼 장비를 원하는 곳으로 움직일 수가 없었다.

자칫 계획 전체를 망칠 수도 있는 이 고장에 직면한 NASA의 기술자들은 먼저 지상의 복제품을 이용해 숱한 시도 끝에 해결책을 찾아냈다. 그 결과 보이저의 장비를 정상적으로 작동시키는 우주탐사 역사상 가장 어려운 '우주 수리'의 쾌거를 이뤄냈다.

천왕성 그 자체에도 탐사의 어려움이 있었다. 천왕성은 태양에서의 거리가 토성의 2배에 이른다. 빛의 세기는 거리의 제곱에 반비례하므로 태양빛의 세기가 토성에서의 4분의 1밖에 되지 않는다. 따라서 카메라의 노출시간은 4배로 늘려야 토성과 비슷한 수준의 사진을 얻을 수 있었다. 그러나 시속 7만 2000km로 움직이는 보이저가 오래 노출하면서 흔들리지 않는 영상을 찍기란 쉬운 일이 아니었다.

그야말로 경주용 자동차에서 머리를 내밀고 바깥풍경을 흔들림 없이 선명하게 찍는 일과 비슷한 상황. 촬영 중 탐사선을 조금이라도 흔들리게 하는 다른 기기들은 '동작 그만'해야 할 판이었다. 심지어 촬영된 영상을 기록하는 장치의 움직임도 문제가 될 정도였다. 결국 자세제어 로켓을 이용해 촬영에 방해가 되는 움직임에 반대로 움직이는 방법으로 놀랍도록 선명한 사진들을 찍을 수 있었다.

태양계 일곱 번째 행성인 천왕성은 맨눈에 보이지 않아 망원경을 이용해 발견한 첫 번째 행성이다. 목성과 토성 같은 가스행성이지만 구성 물질은 조금 다르다.

● 1. 누워서 태양계 누비는 푸른 공

나침반 믿을 수 없는 이상한 나라

천왕성은 지금으로부터 220년 전인 1781년에 독일의 천문학자 윌리엄 허셜이 처음 발견했다. 물론 그 전에도 13번이나 관측됐지만, 그때마다 느린 움직임 때문에 행성이 아니라 항성(별)으로 간주됐다.

천왕성이 행성으로 밝혀진 후에 천왕성의 주변에서 5개 위성이 발견됐다. 신화에 등장하는 인물들의 이름이 붙은 다른 천체와 달리 이들에게는 셰익스피어의 희곡 '한여름밤의 꿈', '폭풍우' 등에 등장하는 인물들의 이름이 붙여졌다. 위성의 운동을 바탕으로 천왕성이 매우 기묘하게 누워서 태양 둘레를 공전하고 있다는 사실은 1829년에 밝혔다.

천왕성의 고리는 재미있게도 보이저가 지구를 떠나기 직전인 1977년에 우연히 발견됐다. 천왕성 뒤쪽을 지나는 별빛을 이용해 천왕성의 대기를 관측하던 중 별빛이 천왕성에 가까워질 때 갑자기 어두워지는 현상이 발견됐다. 곧 이것이 매우 어두워 지금까지 드러나지 않던 고리 때문이라는 사실을 알게 됐다. 이런 방법으로 지상에서는 9개의 고리를 발견했다. 여기까지가 지상관측을 통해 밝혀낸 천왕성의 모습이다.

지구와 탐사선의 방대한 거리, 우주잡음보다 미약한 탐사선의 전파, 탐사선의 잦은 고장, 매우 희미한 태양빛, 서서히 줄어드는 전력 등 탐사선을 가로막는 많은 어려움에도 불구하고 보이저2호는 1986년 1월 24일 천왕성에 약 8만km까지 접근해 4300여 장의 사진을 보내왔다.

보이저의 사진에 처음으로 모습을 드러낸 천왕성은 줄무늬투성이 목성이나 토성과는 전혀 달랐다. 대기의 메탄에 의해 붉은색이 흡수된 탓에 천왕성은 푸른색의 공처럼 보였다. 그렇다고 대기가 모두 메탄은 아니다.

천왕성 역시 다른 거대행성처럼 대기의 대부분이 수소와 헬륨으로 이뤄져 있다. 천왕성의 자전주기는 겉모습으로 도저히 알 수 없어 내부에서 방출되는 전파를 통해 관측했다. 그 결과는 놀랍게도 17시간 14분이었다. 또한

보이저2호. 천왕성과 위성의 이상한 궤도 때문에 마치 과녁을 뚫고 지나가는 화살처럼 천왕성 옆을 지나갔다.

천왕성의 위성인 미란다. 부서졌다가 다시 뭉친 것 같은 모습은 격렬한 천왕성의 역사를 담고 있을지도 모른다.

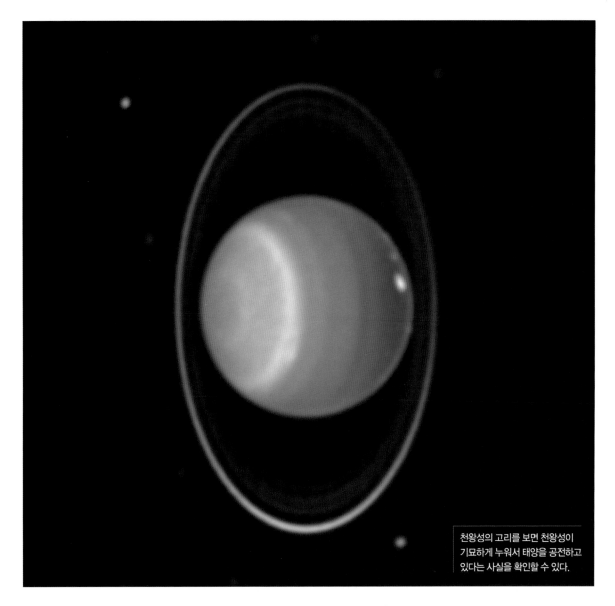

천왕성의 고리를 보면 천왕성이 기묘하게 누워서 태양을 공전하고 있다는 사실을 확인할 수 있다.

밋밋한 겉모습과는 달리 잘 보이지 않지만 천왕성의 구름들도 초속 200m로 격렬하게 움직이고 있었다.

보이저2호는 천왕성을 빠져 나오는 동안 지구로 향해 송신되는 전파를 고리와 대기에 투과시켜 대기의 온도와 조성, 고리를 구성하는 물질의 크기 등에 관한 정보를 얻기도 했다. 실험 결과, 고리를 구성하는 암석의 크기는 약 1m 이상이었으며, 얼음 덩어리가 대부분인 토성의 고리와는 달리 검은 탄소 덩어리인 것으로 보였다.

이와 함께 고리에서는 2개의 조그마한 '양치기 위성'이 발견됐다. 양치기 위성이란 고리입자를 '양'이라 볼 때 이들이 흩어지지 않고 일정한 궤도 안으로 몰고 다니는 양치기 같은 역할을 한다는 의미다. 양치기 위성은 토성에 이어 두 번째로 발견됐다.

보이저2호는 천왕성의 자기장에 대해 모르고 있던 새로운 사실을 여럿 찾아냈다. 우선 어두운 지역에서 자기장의 존재를 입증하는 오로라를 발견했다. 특이한 것은 자기장의 축이 자전축에 비해 60°나 비틀어져 있다는 사실이다.

이 차이는 태양계의 행성 중에서 가장 크다. 또 자력의 근원은 알 수 없지만 행성의 핵에 있지 않고 핵에서 약 1만km나 떨어진 지점에 있다는 사실도 발견됐다. 그러므로 천왕성에서는 나침반만 믿고 항해했다간 길을 잃기 십상일 것이다.

2. 천왕성 발견자 윌리엄 허셜

허셜의 집념

윌리엄 허셜은 독일 출신의 영국 천문학자로
태양계의 일곱 번째 행성인 천왕성을 발견했다.

토성 너머에 있는 새로운 행성 천왕성의 발견자로 유명한 윌리엄 허셜. 음악가출신 천문학자인 허셜은 구경 1.22m인 초대형망원경을 건설해서 2500여 개의 성운을 발견했다. 그는 자신의 관측을 바탕으로 성운이 수많은 별들로 이뤄졌다는 과감한 가설을 세우기도 했고, 태양이 은하 중심이라는 주장을 펴기도 했다. 안드로메다성운이 수많은 별들로 이뤄진 은하라고 확인된 때가 20세기 초라는 점을 감안하면 18세기초 허셜의 이런 가설은 놀랍다.

독일 북부에 있는 하노버의 군악대 오보에 연주자인 아이작 허셜이 낳은 10명의 자녀 중 여섯째인 윌리엄 허셜은 오보에와 바이올린의 연주 솜씨가 뛰어났다. 어린 허셜은 음악가가 되기로 결심했고, 열다섯살이 되던 해에 친위대의 군악대 대원이 됐다. 평소에 몸이 약했던 터라 스무살이 되던 1756년에 프랑스와의 7년 전쟁이 시작되자 가족들의 권유로 징집을 피해 영국으로 건너갔다.

허셜은 10년 동안 오르간을 연주하고 음악을 가르치며 영국 북부 도시를 떠돌아다녔다. 1766년이 돼서야 비로소 유명한 온천 도시인 바스에

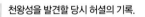

천왕성을 발견할 당시 허셜의 기록.

윌리엄 허셜이 초기에 만든 망원경의 모습.
망원경 제작에 동생 캐롤라인 허셜(원)의
헌신적인 도움을 받았다.

머무르며 옥타곤 교회의 오르간 주자로 머무를 수 있었다.

생활이 안정되자 1772년에는 동생 캐롤라인도 영국으로 건너왔다. 허셜은 학생을 가르치고 오르간을 연주하며 매우 바쁜 나날을 보냈지만 틈만 나면 천문학을 공부했다. 이러한 그에게 가장 큰 영향을 미쳤던 책은 음악이론의 대가 로버트 스미스가 1738년에 쓴 '광학의 전체계'라는 4권짜리 책이었다. 어릴적 음악가가 꿈이었던 허셜이지만 음악의 대가가 광학에 관한 책을 썼다는 사실은 우주의 신비에 대해 더욱 관심을 가지게 했다.

허셜은 스미스의 '광학', 제임스 퍼거슨의 '천문학'을 깊이 탐독했다. 그리고는 별을 직접 관측할 필요성을 느꼈다. 하지만 망원경은 매우 비쌌다. 하는 수 없이 직접 망원경을 만들기로

했다. 먼저 길이 약 76cm의 반사망원경을 빌려 별을 관측하고 망원경의 구조도 익혔다. 그리고는 길이가 6m 정도인 굴절망원경을 만들기 시작했다. 먼저 런던에 렌즈를 주문했다. 두달 뒤에 도착한 렌즈를 가지고 동생 캐롤라인과 함께 겨우 첫 망원경을 완성했다. 그러나 경통이 너무 길어 관측하기가 여간 까다롭지 않았다.

허셜의 두 번째 망원경은 초점거리 1.67m짜리 반사망원경이었다. 당시 이 정도 크기의 망원경 반사거울은 팔지 않았으므로 하는 수 없이 스스로 만들어야 했다. 허셜은 거울을 갈 때 필요한 장비마저 모두 새로 만들어 가며 망원경을 완성했다. 그후에 큰 집으로 이사를 해 넓은 작업공간을 갖게 되자 좀 더 큰 망원경에 도전했다. 그러면서도 관측을 게을리 하지 않았다.

12살 아래인 캐롤라인의 헌신적인 도움을 받으며 하루 16시간 동안 반사거울을 갈고 닦는 고된 작업을 계속해 1774년에 드디어 구경 15cm, 길이 2.1m, 배율 40배의 뉴턴식 반사망원경을 완성했다. 이 반사망원경으로 허셜은 하늘의 별을 세기 시작했다. 무모할 정도의 엄청난 작업이었지만 남매는 추운 겨울에는 얼어붙은 잉크를 체온으로 녹여가며 별의 수를 기록했다.

2. 천왕성 발견자 윌리엄 허셜

혜성 대신 발견한 천왕성

허블망원경으로 찍은 시리우스. 시리우스는
이중성으로 백색왜성인 동반성(사진 왼쪽 아래의
작은 점)이 있다. 허셜은 이와 같은 이중성을
269쌍 발견했다.

허셜이 천왕성을
발견했을 때 사용한
망원경의 복제품.

1781년 3월 13일, 허셜은 스스로
만든 구경 15cm의 반사망원경
으로 여느 때와 다름없이 별을 관측
하고 있었다. 그런데 쌍둥이자리
의 한쪽 구석에서 이제껏 본
적 없는 낯선 천체가 반짝이는
것을 보았다. 좀 더 확대를 해보니
작은 원반 모양이었다. 면적을 가
지는 걸로 보아서는 별이 아닌 것이
분명했다.

남매는 매일 밤 이 빛을 쫓아가며 위
치를 자세히 기록했다. 두 달 동안의 관측
뒤에 이 빛이 태양에서 멀리 떨어져 있어 꼬
리가 발달하지 않는 혜성이라고 결론짓고는
왕립학회에 알렸다. 나중에 이것은 토성 너머에서 태양 주위를 돌고 있는 새로
운 행성이라는 것이 밝혀졌다.

천왕성의 발견은 당시까지 지구를 제외한 행성은 다섯뿐이라는 절대적 진
리를 깨뜨리는 혁명적인 사건이었다. 천왕성의 발견으로 태양계의 면적은 4배
이상 넓어졌으며, 그뒤 해왕성, 명왕성의 발견으로 이어지는 계기가 됐다.

천왕성의 발견으로 하루아침에 유명해진 허셜은 1782년에 왕실 천문학
자로 임명되고 음악가의 길은 접었다. 사실 천왕성을 처음 본 것은 허셜
이 아니었다. 허셜이 천왕성을 발견하기 약 100여 년 전인 1690년에 그리
니치 천문대장 존 플램스티드는 자신이 그린 성도에 천왕성을 표시하고
있었다. 그런데 맨눈에는 간신히 보일 정도로 어두웠을 뿐 아니라 움직임
도 매우 적었기 때문에 별로 기록했다. 하지만 허셜 남매의 끈질긴 추적으
로 움직임이 발견됐던 것이다. 허셜은 그해 천왕성을 발견한 것 이외에도
269쌍의 이중성을 발견했다. 그리고는 태양계가 아닌 별 사이에서도 중력

이 작용하고 있을 것이라는 주장을 내세
웠다.

당시 행성과 위성의 이름은 그리스와 로마신
화에 나오는 신과 영웅의 이름을 따서 정했다.
수성은 전령의 신인 머큐리, 금성은 아름다움의
여신 비너스, 화성은 전쟁의 신인 마르스, 목성
은 신의 제왕인 주피터, 토성은 농업의 신인 새
턴에서 따왔다.

허셜이 발견한 천체의 궤도가 계산되고 새로운
행성이라는 사실이 굳어지자 이 행성에 이름을
붙이는 일이 남아 있었다. 프랑스의 어느 천문학
자는 발견자의 이름을 따서 '허셜'로 하자고 제안
했고, 독일의 보데는 '우라누스'라는 이름을 추천
했다. 하지만 허셜 자신은 새로운 발견을 정치적
으로 이용하는데 서슴지 않고 영국 국왕의 이름
을 따서 '조지 별'이라고 불렀다. 한동안 이 새로
운 행성은 여러 가지 이름으로 불렸다.

이러한 혼란은 70여 년간 계속되다가 1850년
해왕성의 위치를 처음으로 계산한 존 카우치 애
덤스가 이 행성을 '천왕성'(Uranus)이라 제안하
면서부터 공식적인 이름으로 자리를 잡게 됐다.
우라누스라는 이름은 다른 행성에 신의 이름을
붙이는 고전적인 방식과 일치해 여러 사람이 받
아들일 수 있었다. 신화 속에서 주피터의 아버
지는 새턴이고 새턴의 아버지는 우라누스였으
므로 토성 다음에 위치한 새로운 행성으로서는
신화 속의 순서와 일치했던 것이다.

● 2. 천왕성 발견자 윌리엄 허셜

구경 1.22m짜리 초대형 망원경 건설

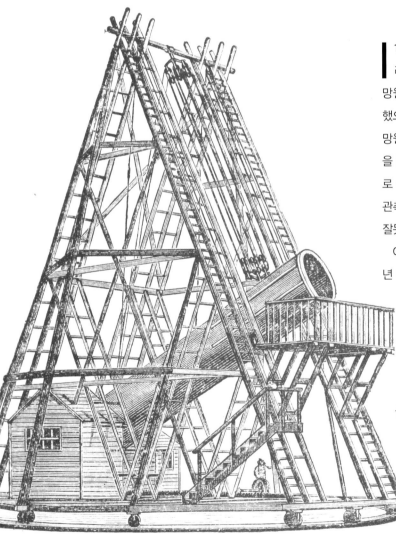

1789년 허셜은 당시 가장 컸던 구경 1.22m, 초점거리 12m의 초대형 반사망원경을 완성했다. 이 반사망원경을 받치기 위해 건물만한 구조물을 만들어야 했으며 거울 하나의 무게만도 900kg에 이르렀다. 이 망원경은 뉴턴식 반사망원경에서 중간의 사경(부경)을 없애고 주경을 기울여 놓은 새로운 방식의 광학계로 허셜이 직접 고안했다. 이 망원경은 높은 곳에서 관측해야 했으므로 추운 겨울에는 고생이 심했으며 잘못해서 밑으로 떨어진 관측자도 많았다고 한다.

이 망원경으로 쉴새없이 관측에 매달린 끝에 1787년 천왕성의 위성인 티타니아와 오베론을 발견했으며 하위헌스가 발견한 화성의 극지방에 자리잡은 흰 반점이 화성의 4계절에 따라 변화한다는 점도 알아냈다.

또한 성운 탐사를 시작해 1786년부터 1802년까지 약 2500개의 성운을 발견했다. 그리고 성운들의 진화과정을 4단계로 나눠 해설하고 스케치까지 덧붙였다.

1800년에는 스펙트럼으로 퍼진 햇빛의 여러 색들의 온도를 측정하려다가 처음으로 적외선을 발견했다. 허셜은 우연히 온도계를 스펙트럼 상에서 붉은색 밖으로 밀었

프리즘을 통과한 무지개빛. 허셜은 붉은색 바깥쪽에 있는 적외선을 발견했다.

다가 눈에 보이지 않는 태양에너지로부터 온도계가 열을 받고 있다는 사실을 알게 됐다. 비록 우리가 이 현상을 충분히 이해하기까지는 수십 년이 걸렸지만 적외선은 눈에 보이지 않는 여러 파장대의 전자기 스펙트럼의 존재에 대한 첫 번째 암시였다.

이 외에도 허셜은 태양계 전체가 움직이고 있으며 태양이 헤르쿨레스자리를 향해 이동하고 있다고 주장했다.

허셜이 이뤄낸 중요한 업적 가운데 하나는 우리은하의 구조를 밝힌 것이다. 그는 망원경으로 하늘의 여러 방향에서 별의 수를 셌다. 대부분의 별이 하늘을 빙 둘러싼 은하수의 좁은 띠에 있으며, 이 띠의 어느 방향에서나 별의 수가 거의 같다는 사실을 알아냈다. 그래서 1785년 '천계의 구조에 관하여'라는 책을 통해 태양은 약 2000만 개의 별로 이루어진 원반모양의 은하 중심에 있다고 주장했다.

허셜의 은하계 모양에 대한 생각은 현재 우리가 아는 것과 비슷하지만 태양이 자리잡고 있는 위치가 틀렸다. 실제로 은하에는 성간물질이 많아 별빛을 막고 있다. 가시광선 영역밖에 관측할 수 없었던 허셜은 태양에서 6000광년 이내의 별밖에 볼 수 없었다. 따라서 실제로 지름이 약 10만 광년인 우리은하의 일부분밖에 볼 수 없었던 허셜은 태양이 은하 중심에서 상당히 멀리 떨어져 있다는 사실을 알 수가 없었던 것이다.

● 태양계 최대 강풍 부는 극한지대

정체 드러낸 미지의 행성

보이저2호가 항해를 시작한 지 4년 째. 보이저2호의 해왕성 도착을 기다리던 천문학자들은 새로운 사실을 알아냈다. 별빛을 이용한 관측에서 해왕성에 띄엄띄엄 물질이 뭉쳐 있는 '호' 형태의 이상한 고리가 있음이 밝혀진 것이다. 이처럼 해왕성은 탐사선이 비행하는 도중에도 새로운 사실이 발견될 만큼 알려진 게 거의 없는 행성이었다.

해왕성은 1846년에 천왕성 궤도로부터 유추돼 발견된 이후 지금까지 태양을 겨우 한 바퀴 돌았을 뿐이다. 2011년 7월 12일이 태양을 한 바퀴 돌아 발견 당시의 위치로 돌아온 날이었다. 공전주기가 165년으로 길기 때문이다. 물론 1612년 12월경 갈릴레이가 목성 근처에서 해왕성을 관측한 적이 있었으나, 안타깝게도 당시에는 이것이 새로운 행성임을 알지 못했다.

해왕성이 발견된 지 한 달도 되지 않아 해왕성에서 최대 크기의 위성이 발견됐다. 트리톤으로 명명된 이 위성은 궤도가 해왕성의 적도면에 대해 크게 기울어진 채 해왕성의 자전방향과 반대로 6일에 한 번씩 공전하고 있었다. 우리와 비교한다면 달이 수시로 서쪽에서 떠 동쪽으로 지는 셈이다. 상상만 해도 놀라운 광경이다.

태양계의 위성 중 서열 7위의 크기를 자랑하는 매머드급 위성이 빠른 속도로 역으로 공전한다는 점은 이 위성이 초기에 해왕성과 함께 형성된 것이 아니라 해왕성 옆을 지나가던 위성이 도중 중력에 붙잡혔음을 보여 주는지도 모른다. 그리고 흥미롭게도 트리톤은 해왕성의 조석력에 의해 발생하는 열로 인해 얼음보다는 액체의 바다로 이뤄졌을 것으로 예측하는 과학자도 있었다. 따라서 보이저2호의 해왕성 탐사 중 하이라이트는 트리톤에 맞춰졌다.

NASA 제트추진연구소의 연구자들은 보이저 2호가 특이한 궤도를 가진 트리톤에 가장 가까이 접근할 수 있는 궤도를 계산하기 시작했다. 도착 예정시간에 해왕성의 남반구 아래에 위치할 트리톤으로 방향을 바꾸려면 보이저 2호는 해왕성의 북극으로 접근한 후 중력을 이용해 방향을 바꿔야만 했다.

이때 트리톤에 최대한 가까이 가기 위해서는 해왕성에 최대한 근접해야 하는데, 이럴 경우 행성고리와 충돌하거나 대기와 마찰을 일으켜 탐사선의 운명 또한 보장할 수 없었다. 연구자들은 탐사선이 해왕성 고리와 대기의 위험을 빗겨갈 수 있는 한계인 4만km만큼 트리톤에 접근하도록 최종 결정했다.

보이저 2호가 최종 경로에 따라 해왕성에 접근하는 동안 대부분의 천문학자들은 이미 3년 전 만났던 밋밋한 천왕성을 떠올리며 별반 기대하지 않았다. 하지만 1989년 8월 25일 해왕성에 4950km까지 접근한 보이저2호에 비친 모습은 비록 목성이 받는 태양에너지의 3%밖에 받지 않지만, 대기상태가 천왕성보다는 오히려 목성에 가까운 다이내믹한 행성이었다.

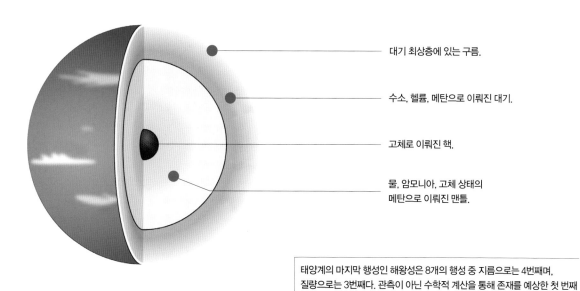

대기 최상층에 있는 구름.

수소, 헬륨, 메탄으로 이뤄진 대기.

고체로 이뤄진 핵.

물, 암모니아, 고체 상태의
메탄으로 이뤄진 맨틀.

태양계의 마지막 행성인 해왕성은 8개의 행성 중 지름으로는 4번째며,
질량으로는 3번째다. 관측이 아닌 수학적 계산을 통해 존재를 예상한 첫 번째
행성이다. 1840년 프랑스 수학자 위르뱅 르베리에가 천왕성의 궤도에 생긴
예기치 않은 변화를 토대로 미지의 행성의 존재를 예견했고, 1846년 독일
천문학자 요한 갈레는 르베리에가 예측한 위치에서 해왕성을 발견했다.

● 태양계 최대 강풍 부는 극한지대

150km에 걸쳐 검은 비 내려

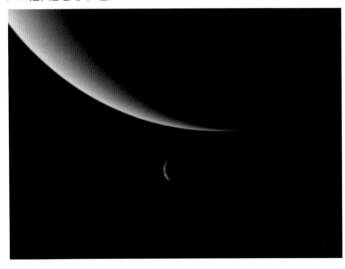

보이저2호가 찍은 해왕성과 트리톤(작은 천체)의 모습.

해왕성의 남반구에는 크기가 비록 지구 정도로 작지만 목성의 거대 폭풍인 대적반과 비슷한 '대흑점'이 휘몰아치고 있었다. 주위에는 시속 2000km의 태양계 최대 강풍이 불고 있었다. 그 아래엔 '스쿠터'라 명명된 새털구름의 하얀 반점이 시시각각 모양을 바꿔가면서 약 16시간에 한 바퀴씩 돌고 있었다. 이런 다양한 대기 변화 외에 보이저2호는 자기장도 조사했다.

놀랍게도 해왕성의 자기장 축은 자전축에서 47° 정도 기울어져 있었고 자기장 중심은 행성 중심으로부터 1만 3500km 벗어나 있었다. 자기장에 의해 발생되는 주기적인 전파를 통해 해왕성 내부의 자전 속도를 측정한 결과, 하루는 16시간 6분으로 밝혀졌다. 보이저2호는 고리도 관측했는데,

예상과 달리 정상적인 모양의 고리가 4개 있었다. 단지 맨 바깥쪽 고리에는 생성원인을 알 수 없는 3개의 덩어리가 있었다.

보이저2호는 해왕성에 성공적으로 접근한 후 이번 탐사의 최대 관심사인 트리톤 위성에 4만 km까지 다가갔다. 이 과정에서 목성의 위성 이오나 천왕성의 위성 미란다에서처럼 보이저 탐사상 예기치 못한 광경이 목격됐다.

먼저 트리톤의 첫인상은 거대한 스키장 같았다. 트리톤의 표면 온도는 우리가 관측한 태양계 최저온도인 영하 235℃였고 대기는 지구 대기보다 7만분의 1이나 엷었다. 표면은 되풀이해 녹고 어는 과정에서 생긴 균열들로 그물처럼 덮여 있었다.

트리톤은 완전히 지질학적으로 죽은 것일까. 보이저가 촬영한 트리톤의 남반구에서는 놀랍게 얼음 화산(일종의 간헐천)이 발견됐다. 얼음 화산은 내부 열과 태양빛으로 가열된 질소를 검은 먼지와 함께 8km 상공으로 뿜어냈고, 솟구친 먼지는 바람에 의해 150km나 퍼지며 검은 재의 비로 내리고 있었다. 따라서 먼 훗날 트리톤에서 스키를 타려면 최고 성능의 방한복과 함

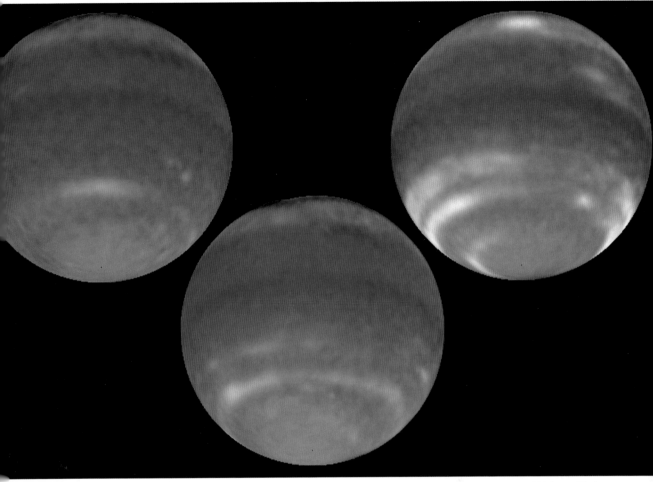

께 방진용 마스크가 필수적일 것이다. 또 정말 트리톤에서 스키를 즐기려면 서둘러야 한다. 트리톤은 현재 해왕성으로 점차 끌려 들어가고 있는데, 1000만 년에서 1억 년 정도 뒤면 결국 해왕성의 중력에 의해 완전히 부서질 것으로 예상되기 때문이다. 아마도 부서진 조각들은 새로운 행성의 고리를 형성할 것이다.

보이저2호는 트리톤에 접근하는 과정에서 6개의 위성을 추가로 발견했다. 그리고 트리톤과의 만남을 끝으로 12년 동안 지나온 길을 벗어났다. 현재는 매년 4억 7000만km씩 지구에서 멀어지고 있다. 보이저에는 혹시나 만날 외계인을 위해 지구의 자연과 인공의 소리를 담은, 금으로 만들어진 음반이 실려있다. 여기에는 우리말을 포함, 세계 55개 언어의 인사말이 들어있다.

허블망원경으로 찍은 해왕성. 계절의 변화에 따라 색이 밝아졌다 어두워졌다 한다.

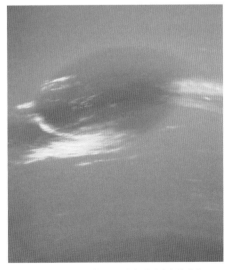

보이저2호가 찍은 대흑점. 목성의 대적반과 위치나 크기가 비슷하다. 1994년 허블망원경으로 다시 관측했을 때 대흑점은 사라진 뒤였다. 과학자들은 대흑점이 구름에 덮였을 수도 있다고 추측하고 있다.

1. 달

2. 목성 4대 위성과 형제들

3. 토성의 위성 타이탄

4. 소행성

[III] 위성과 소행성

태양계에는 여덟 개의 행성 외에도 셀 수도 없이 많은 위성과 소행성, 혜성 등이 태양 주위를 돌고 있다. 이들 또한 태양계 45억 년의 역사를 고스란히 지니고 있다. 달을 제외한 소행성과 혜성 같은 소천체는 직접적인 연구가 어려웠지만, 최근에는 소행성에 착륙해 샘플을 채취하는 데 성공하는 등 이들의 비밀을 벗기는 데도 한 발짝씩 다가가고 있다. 작지만 많은 정보를 담고 있는 여러 식구들의 이야기를 들어보자.

태양계

달탄생

1. 달 탄생 유력한 시나리오 대충돌설

달 탄생의 비밀

밤하늘의 여왕 달은 수수께끼 같은 대상이다. 사실 태양계에는 지구의 달과 같은 존재가 드물다. 모행성에 비해 매우 크고 무겁기 때문이다. 어떻게 지구는 이토록 덩치 큰 달을 갖게 됐을까. 달은 어떻게 태어났을까. 현재 조용하게만 보이는 달은 격렬한 탄생의 비밀을 간직하고 있다.

1970년대 이전까지 달 탄생의 시나리오에는 세 가지가 있었다. 행성이 형성되던 초기에 지구에서 떨어져 나온 일부가 달이 됐다는 분리설, 주변에서 떠돌던 작은 천체가 지구 중력에 잡혀서 달이 됐다는 포획설, 지구가 탄생하던 '반죽'에서 달이 함께 태어났다는 동시탄생설이 그것이다.

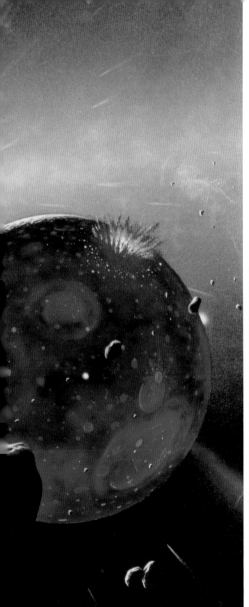

뜨거운 모행성과 위성의 생성 초기에 작은 천체들이 충돌하고 있다. 45억 년 전 지구 근처에서 달이 형성되던 당시도 이와 비슷하지 않았을까. 그림은 외계행성계가 형성되는 모습을 그린 상상도.

아폴로17호의 우주비행사이자 지질학자인 해리슨 슈미트가 달 표면에서 월석 샘플을 채취하고 있는 모습.

지구와 달의 관계를 가족 관계에 비유해보면 어떨까. 분리설의 관점에서 보면 달은 어머니인 지구가 배 아파서 낳은 딸이고, 포획설의 관점에서 달은 아내인 지구가 맞아들인 남편이며, 동시 탄생설의 관점에서는 지구와 달은 언니와 동생인 자매 관계가 된다.

이들 세 가지 시나리오 가운데 분리설이 영국의 천문학자 조지 다윈에 의해 가장 먼저 제기됐다. 1878년 조지 다윈은 '종의 기원'으로 세상을 떠들썩하게 했던 찰스 다윈의 아들답게 '달의 기원'을 발표했다. 지구가 생성 초기에는 매우 빠르게 자전했기 때문에 적도 쪽이 부풀어오르

고 이 부분이 태양의 중력 때문에 분리돼 달이 됐다는 내용이다.

조지 다윈이 제기한 달의 기원은 4년 후 영국의 지질학자 오스먼드 피셔가 태평양 분지는 바로 달이 떨어져 나갔던 흔적이라고 주장하면서 흥미진진한 시나리오를 얻게 됐다. 덕분에 분리설은 20세기까지 널리 알려졌다.

다윈과 피셔의 분리설에게는 경쟁자가 둘 있었다. 1909년 미국의 천문학자 토마스 시가 제안했던 포획설과, 프랑스의 천문학자 에두아르 로슈가 신봉했던 동시탄생설이다. 포획설은 거미줄에 파리가 잡히듯이 지구 주변에서 돌아다니던 작은 천체가 지구 중력에 잡혀 달이 됐다는 주장이고, 동시 탄생설은 태양계의 행성들이 형성되던 똑같은 물질에서 지구와 달이 나란히 독립적으로 태어났다는 가설이다. 그렇다면 세 시나리오 중 어느 것이 실제 모습에 가까울까. 해답은 1960년대 말에서 1970년대 초까지 진행된 미국의 아폴로 계획 덕분에 지구로 옮겨진 월석 385kg에서 나왔다.

● 1. 달 탄생 유력한 시나리오 대충돌설

월석 한방에 무너진 빅3

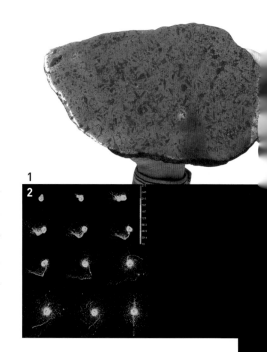

월석을 분석한 결과 달은 지구와 매우 유사한 듯 보이면서도 동시에 너무 다른 것으로 나타났다. 월석에는 고온에서 끓기 쉬운 휘발성 물질이 거의 없었다. 달의 밀도가 지구 전체(큰 철핵 포함)의 밀도보다 작고 오히려 지구 맨틀(암석)의 밀도와 비슷한데, 달 과학자들은 이 차이를 달이 자그마한 철 핵을 갖기 때문이라고 설명했다. 실제로 1998년 NASA의 달 탐사선 루나 프로스펙터가 달의 핵이 전체 질량의 3% 이하를 차지한다는 사실을 확인시켜 주었다(지구의 핵은 전체 질량의 30%를 차지한다).

반면 월석의 방사성 동위원소를 연구하자 지구와 달의 나이가 대략 45억 년이라고 드러났다. 또한 월석은 산소 동위원소비율이 외계운석과 달리 지구 암석과 혈액형처럼 일치하는 것으로 밝혀졌다. 즉 지구와 달은 태양으로부터 같은 거리에서 피를 나눈 사이라는 말이다.

그렇다면 세 시나리오의 운명은 어떻게 됐을까. 분리설은 달의 핵이 아주 작고 산소 동위원소비율이 비슷하다는 점을 설명할 수 있지만, 지구가 지금보다 빨리 자전해야 한다는 계산이 나왔다. 태평양 분지도 지금으로부터 7000만 년도 채 안 되기 전에 형성됐다는 문제점이 드러났다.

포획설은 지구와 달의 구성 성분 차이를 설명할 수 있지만, 달의 핵이 작고 산소 동위원소비율이 비슷하다는 점을 설명할 수 없다. 결정적으로 지구 근처를 지나가던 물체가 지구에 부딪치거나 우주공간으로 질주하지 않고 지구의 품에 천천히 안길 가능성은 희박하다.

끝으로 동시 탄생설에는 지구와 달이 함께 성장하면서 지구가 철이 많은 큰 핵을 갖는 동시에 달은 철이 거의 없는 조그만 핵을 가지기가 어렵다는 문제가 있다. 또 이 가설은 지구와 달 시스템이 현재 가지는 엄청난 각운동량

❶ 지구에서 발견된 외계 운석. 월석은 산소 동위원소비율이 외계 운석과 다르고 지구 암석과 일치하는 것으로 밝혀졌다. 지구와 달은 태양에서부터 같은 거리에서 탄생했다는 의미다.
❷ 2001년 '네이처' 8월 16일자에 실린, 달 탄생과정을 보여 주는 컴퓨터 시뮬레이션. 파란색 입자와 진한 초록색 입자는 응축된 물질을 나타내고, 붉은색 입자는 팽창 단계나 뜨겁고 고압으로 응축된 단계를 의미한다. 시뮬레이션 결과 지구에 화성 크기의 천체가 충돌하자 충돌체의 핵 물질은 지구 핵으로 흡수되고 지구와 충돌체의 암석물질은 주변으로 흩어져 달을 형성했다는 사실이 밝혀졌다. 마지막 그림만 옆에서 바라본 모습이다.

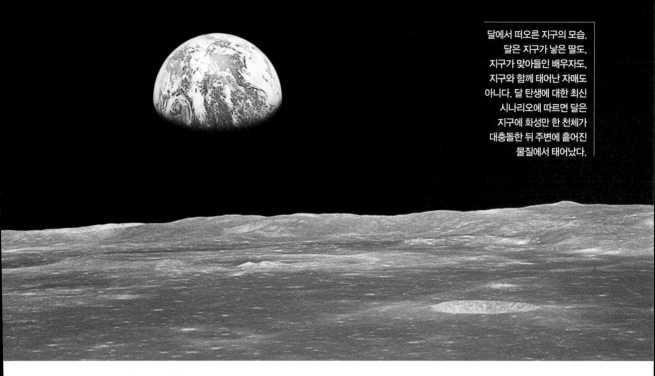

을 설명할 수 없다. 만일 지구와 달이 동시에 탄생했다면 현재 각운동량보다 더 작았을 것이기 때문이다.

이때 등장한 해결사가 대충돌설이다. 간단히 말해 대충돌설은 45억 년 전 지구가 형성될 때 더 작은 천체가 지구에 충돌하면서 주변에 뿌려진 부스러기로부터 달이 탄생했다는 가설이다. 언뜻 황당해 보이는 이 가설은 많은 강점이 있다.

충돌체에서 지구로 철핵이 흘러들고 주로 맨틀의 암석체로 구성된 주변 부스러기에서 달이 탄생하기 때문에 자그마한 달의 핵과, 지구 맨틀의 밀도와 비슷한 달의 밀도를 설명할 수 있다. 또 충돌체가 지구 주변에서 형성된 것이라면 달과 지구의 산소 동위원소비율이 일치한다는 점도 설명할 수 있다.

대충돌설은 1970년대 중반 두 그룹에 의해 각각 다른 관점에서 제기됐다. 미국 행성과학협회의 윌리엄 하트먼과 도널드 데이비스는 큰 물체가 지구에 부딪친다면 달이 형성되기에 충분한 물질이 주변 궤도에 뿌려질 수 있다고 생각했다. 반면 미국 하버드-스미소니언 천체물리학센터의 알프레드 카메론과 윌리엄 워드는 지구와 달 시스템의 각운동량을 설명하는 연구를 하다가 충돌체가 화성 정도의 크기를 가져야 한다는 결론에 도달했다.

대충돌설은 1980년대 중반에야 학계에 주목받기 시작했고, 이후 컴퓨터 시뮬레이션을 통해 대충돌설에 대한 연구가 활발하게 진행됐다. 이 가운데 1990년대 대충돌로 주변 궤도에 흩어진 부스러기로부터 달 자체를 탄생시키는 데 성공했던 미국 사우스웨스트 연구소의 로빈 캐넙 박사의 시뮬레이션이 돋보였다.

하지만 캐넙 박사가 수행한 초창기 시뮬레이션에는 문제가 있었다. 대충돌로 만들어진 대부분의 부스러기가 지구에 떨어지거나 우주공간으로 날아가기 때문에 충돌체의 크기가 처음 예상(화성 크기)보다 2~3배는 커야 했는데, 이로 인해 지구의 자전 각운동량이 2~2.5배 증가하는 문제가 발생했다. 이 문제를 해결하기 위해 첫 충돌이 있은 지 수백만 년 후에 지구 자전을 느리게 하는 방향으로 또 다른 충돌을 가정해야 했다.

그렇지만 2001년 영국의 '네이처' 8월 16일자에 실린 캐넙 박사의 업그레이드된 시뮬레이션 결과는 달랐다.

지구와 충돌체를 2만개 이상의 유닛으로 나눈 뒤 달 형성에 대해 지금까지 가장 정교한 시뮬레이션을 한 결과, 45억 년 전 거의 완성된 지구에 화성 크기 정도의 천체가 비스듬히 충돌했을 때 달이 탄생하기에 적당한 부스러기 물질이 주변 궤도에 뿌려지는 것으로 밝혀졌다. 충돌체가 더 커야 하거나 또 다른 충돌이 있어야 한다는 번거로움이 사라진 것이다.

1. 달 탄생 유력한 시나리오 대충돌설

충돌 뒤 10년도 안 걸려 탄생

❶❷ 운석에 대한 연구는 태양계 형성에 대한 단서를 제공해 준다. 태양계 생성 초기에는 먼지 알갱이들이 서로 들러붙어 소행성 크기까지 커지다가 이후에는 좀 더 큰 천체끼리 충돌해 행성 크기까지 성장했다.
❸ 달 표면에 있는 거대한 크레이터(운석 충돌구덩이). 이를 통해 행성이 탄생하던 초기에 지구 근처에는 거대한 천체들이 많이 있었다고 상상할 수 있다. 이들 가운데 하나가 지구에 충돌하지 않았을까.

그렇다면 과연 대충돌은 자연스러운 과정일까. 태양계 생성 초기에 행성이 탄생하던 시기를 상상해보자. 가스와 먼지로 구성된 원시태양계 구름에서 중앙에 태양이 만들어지고 태양 주변에 행성들이 형성됐다. 안쪽에 위치한 암석행성(지구형 행성)은 먼지와 암석을 끌어들이면서 행성이 됐다. 행성 형성에 대한 물리를 연구하고 컴퓨터로 시뮬레이션한 결과, 행성은 크게 세 단계를 거쳐 형성되는 것으로 알려졌다.

처음에는 먼지 알갱이들이 서로 들러붙어 소행성 크기 정도까지 커진다. 이 정도 크기면 중력으로 주변 물질을 끌어들이기에 충분하다고 한다. 두 번째 단계에서는 소행성 크기의 천체들이 성장해서 달보다 훨씬 더 큰 천체가 수십여 개 만들어진다. 이 단계는 100만 년 만에 끝날 정도로 급격하게 진행된다.

마지막 단계에서는 거대한 천체들이 충돌을 일으키며 더 큰 행성을 형성한다. 이 와중에 지구에 화성 크기의 천체가 충돌하며 달이 탄생할 수 있다. 대충돌설은 행성이 형성되는 과정에서 만날 수 있는 자연스런 과정인 셈이다. 마지막 단계는 1~2억 년 정도 걸려 진행된다.

반면 컴퓨터 시뮬레이션에 따르면 대충돌로 인해 지구 주변 궤도에 흩어진 매우 뜨거운 부스러기가 달을 탄생시키는 데 10년도 채 안 걸린다. 달이 매우 뜨겁고 전체가 거의 녹은 상태에서 탄생했다는 점을 암시한다. 또 달이 탄생할 때 마그마의 바다로 둘러싸여 있었다는 기존의 생각과 모순이 없는 대목이다.

그리고 대충돌설은 확률론적으로 대변동의 사건이 9개의 행성 가운데 1~2개에서 일어날 수 있다는 점과 통한다. 동시 탄생설과 같이 진화적인 과정에서 달이 탄생했다면 다른 행성에서도 달과 비슷한 위성이 나타나지 않은 이유를 설명하기 곤란할 것이다.

또한 2000년 영국의 '네이처' 2월 17일자에 따르면 대충돌설은 달이 지구를 공전하는 궤도가 지구 궤도와 이루는 기울기도 설명할 수 있다. 태양계 행성의 위성 대부분이 갖는 궤도는 지구 궤도와 1~2° 정도를 이루는 반면, 달 궤도의 기울기는 5°나 되기 때문에 문제였다. 연구팀의 컴퓨터 시뮬레이션 결과는 대충돌로 흩어진 부스러기에서 탄생한 달이 나머지 부스러기가 이루는 원반과 상호작용한다는 사실을 밝혔다. 이로 인해 달 궤도의 기울기가 커진다는 점을 보여 준 것이다.

처음 제기된 이래 30년 이상 지난 지금까지 달 기원을 설명하는 선두주자로 남아 있는 대충돌설은 앞으로 어떻게 될까. 현재는 컴퓨터 시뮬레이션을 통해 많은 사실이 가능한 것으로 드러났다. 물론 앞으로 컴퓨터의 능력이 향상되면 달 탄생에 대한 시뮬레이션이 더 정교해질 것이다.

하지만 태양계 생성 과정은 혼돈스러운 상황이었기 때문에 똑같은 결과를 얻어낸다는 것 자체가 원래 불가능하다. 그런 의미에서 탄생의 흔적인 달 자체에 대한 정보를 많이 얻는 것이 중요하다.

2. 월석에 간직된 잔류자기 미스터리

달에도 자기장이 있었다

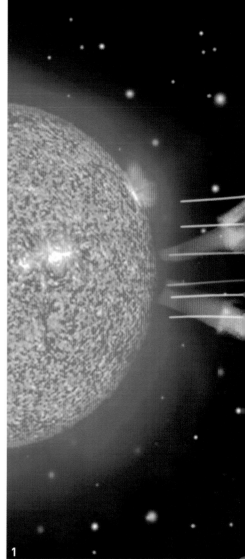

자기장은 행성의 진화사를 재구성할 때 필수적인 정보다. 지구의 자기장은 '다이나모 이론'(dynamo theory)으로 설명된다. 강력한 자석 속에서 코일을 회전시키면 전자기유도현상에 의해 전류가 발생한다. 이 장치가 바로 발전기, 즉 다이나모다. 다이나모 이론은 지구 내에 발전기와 같은 물질이 존재한다는 것이다.

지구 외핵은 전기전도도가 큰 철과 니켈로 구성된 액체 상태인데, 핵 내의 위아래 온도차에 의한 대류운동 등으로 쉽게 움직일 수 있다. 이러한 유체운동에 의해 외핵 물질이 이동함에 따라 유도전류가 형성되고, 다시 이 유도전류가 자기장을 만든다. 이로 인해 지구의 회전축을 따라 자기장이 형성된다는 것이 다이나모 이론이다.

지구와 달리 현재의 달에는 달 전체에 영향을 미치는 자기장이 없다. 1959년 1월 옛 소련의 루나1호는 달로부터 5995km 떨어진 지점을 비행하며 자력계와 가이거 계수기로 달의 자기장을 측정했다. 그 결과 달에는 자기장이 없으며 태양으로부터 불어나오는 강한 이온화된 플라스마의 흐름인 태양풍이 존재한다는 사실을 처음으로 확인했다.

그런데 1960년대 말에서 1970년 초까지 아폴로 우주선이 지구로 가져온 월석(月石)에는 잔류자기가 있었다. 과학자들은 암석의 잔류자기를 달이 생겨난 지 5억 년에서 10억 년 사이인 36억~39억 년 전쯤에 만들어진 것으로 추정하고 있다. 과연 이 잔류자기는 어떻게 생겨난 것일까. 최근 달의 형성 초기에 지구에서처럼 다이나모가 존재했고 이에 따라 달 암석에 자기가 남게 됐다는 새로운 주장이 제기됐다.

행성의 표면에는 행성이 형성될 당시에 생겨난 자기장의 흔적이 기록돼

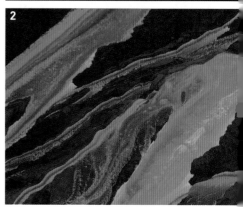

❶ 지구의 자기권이 태양풍을 막아 내는 상상도. 달에는 지구와 같은 자기권이 없어 태양풍의 영향을 그대로 받는다.
❷ 마그마가 식으면서 굳은 암석은 당시의 자기장 방향으로 자화돼 있다. 이를 자기 화석이라 한다.

있다. 즉 자기장이 있는 상태에서 마그마가 분출됐다가 식으면서 암석으로 굳어질 때, 암석 속에 포함된 자철석과 같은 자성을 띠는 광물은 그 당시의 자기장 방향으로 자화(磁化)돼 남는다. 이를 '자기 화석'이라 한다. 따라서 어떤 화성암체의 자성을 측정하면 마그마가 냉각될 당시의 지자기 방향을 정확하게 알 수 있다. 이를 연구하는 것이 고지자기학이다. 현재 지구의 바다 밑바닥이나 화성의 표면에 있는 암석에는 행성 내부의 핵 다이나모에 의해 형성된 자기장의 흔적이 남아있다. 지구는 2억 년 전, 화성은 40억 년 전에 발생한 자기장에 의해 잔류자기가 만들어졌다.

달 암석에서 발견된 잔류자기는 커다란 충돌구를 메울 정도로 거대한 마그마가 흘러 만들어진 달의 '현무암 바다'와 때를 같이한다. 그래서 달 역시 마그마가 분출될 당시에 핵 다이나모가 있어서 잔류자기를 만들었다는 주장이 제기했다.

만일 달에 철이 녹아서 된 핵, 즉 다이나모가 있고, 자전 속도가 빨랐던 시대가 있었다면 달에도 자기장이 형성될 수 있다. 그러나 지구와 달리 달의 암석에는 철이나 철에 함유되기 쉬운 백금, 금, 텅스텐 등의 친철성 원소가 부족하기 때문에 다이나모 이론에 따라 자기장이 형성되기 어려운 것으로 알려져 있다. 대신 과학자들은 이 문제를 운석의 충돌로 생기는 플라스마에 의해 암석이 자화됐다든지, 태양풍의 자기장에 의해 자화됐다는 등의 가설로 설명했다.

미국 버클리 캘리포니아대의 데이브 스테그만 교수 연구팀은 방사성원소들로 이뤄진 일종의 막이, 이온화된 달의 내부를 외부와 차단한 상태에서 핵 다이나모가 잠시나마 형성됐다는 연구결과를 '네이처' 2003년 1월 9일자에 발표했다. 연구팀은 달이 형성될 당시를 3차원 시뮬레이션으로 재현해 이와 같은 연구결과를 얻었다.

2. 월석에 간직된 잔류자기 미스터리

열 담요가 다이나모 키워

아폴로가 가져온 월석.

다이나모가 작용하기 위해서는 행성 내부에 전기를 띤 액체상태의 핵, 핵이 냉각되면서 발생한 열의 대류, 액체 상태인 핵의 회전 등이 필요하다. 이제까지는 달 형성 초기에는 다이나모가 작용할 만큼 충분한 열이 핵에 제공되지 못 했다는 것이 정설이었다.

스테그만 교수의 핵심 주장은 달 형성 초기에 표면을 흘렀던 마그마의 바다에 있다. 이에 따르면 마그마에서 가벼운 원소들은 표면 위로 떠올라 회장석(灰長石, anorthite) 껍질을 형성하지만 무거운 원소들은 달의 내부로 가라앉아 핵을 둘러싸게 된다. 무거운 원소들은 우라늄, 토륨과 같이 대부분 방사능을 지닌 것들로 수십억 년에 걸쳐 붕괴하면서 핵에 충분한 열을 제공한다. 또한 핵의 열이 대류에 의해 주위 맨틀로 빠져 나가는 것을 막는 역할도 한다. 스테그만 교수는 이를 두고 '열 담요'라 불렀다. 결국 이 열 담요가 달의 핵이 다이나모가 될 만큼 충분히 뜨거워질 때까지 보온병이자 난로 역할을 했다는 것이다.

물론 열 담요는 핵의 열이 대류되는 것을 막기 때문에 다이나모의 일차적 조건인 전기를 띤 액체 상태의 핵이 이동하는 것도 막게 된다. 액체 상태의 핵이 흐르지 않으면 전류가 발생하지 않고, 그 결과 자기장도 형성되지 않는 것이다.

그러나 열 담요는 때를 기다린 것으로 볼 수 있다. 일정한 시간이 지나면 열 담요 안의 방사능 물질들이 모두 붕괴된다. 그렇게 되면 좀더 가벼운 물질이 되면서 열 담요가 표면으로 떠오르게 된다. 열 담요로부터 벗어난 핵은 이때부터 열을 발산하기 시작하면서 급속히 냉각된다. 이것이 짧은 시간 동안 지속되는 다이나모가 되는 것이다.

이 이론의 핵심 요소는 타이밍이다. 열 담요가 핵을 데우는 것과 다시 표면으로 떠오르는 시간이 초기 달의 두 가지 큰 사건과 대체적으로 일치한다. 하나는 마그마가 분출되는 것이고 다른 하나는 달 암석이 자기를 띠는 것이다.

그렇지만 이 이론이 달 암석의 잔류자기를 완벽하게 설명하는 것은 아니다. 스테그만 교수의 연구 결과를 검토한 미 하버드대의 마리아 주버 교수는 "이론의 토대가 되는 초기 달의 열, 화학 구조는 확실한 것이 아니며, 또 핵이 이론에서처럼 열을 내보낸다 해도 달 암석이 자화될 정도의 에너지가 되는지도 알 수 없다"고 비판했다. 달 암석에 남아 있는 잔류자기의 정체를 벗기려면 아직은 더 많은 연구가 필요하다.

열 담요 시뮬레이션 모델

달을 수평으로 자른 단면에서 구성성분(위 그림)과 온도(아래 그림)의 차이를 보여 준다. 온도는 붉은색으로 갈수록 높아지며, 구성성분에서는 열 담요가 붉은색으로 표현돼 있다.

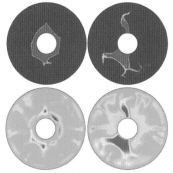

안정된 상태의 열 담요 시뮬레이션. 40억 년 전 상태로 열 담요가 지표로 떠오르지 못한 상태다.

불안정한 상태의 열 담요 시뮬레이션. 왼쪽 두 그림은 43억 년 전 상태로 열 담요가 핵을 둘러싸고 있다. 오른쪽 두 그림은 40억 년 전으로 열 담요가 표면으로 떠오르기 시작하고 지표면 가까이의 온도가 높아지는 것을 알 수 있다. 다이나모 이론을 입증하는 모델이다.

달에서 가져온 암석을 조사하는 모습.

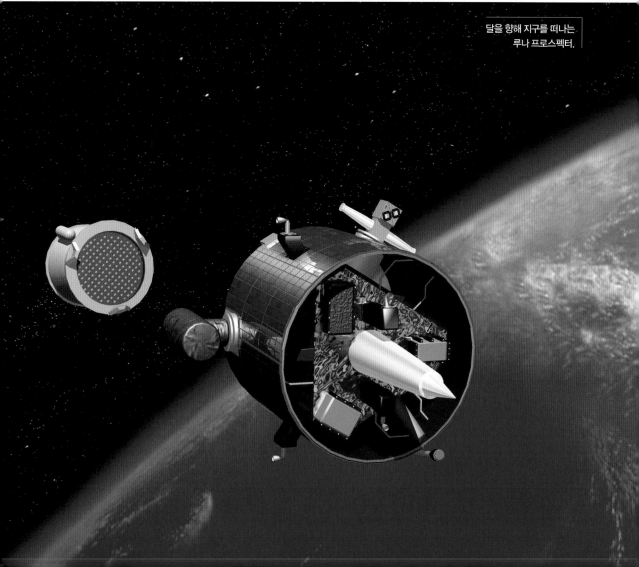

달을 향해 지구를 떠나는 루나 프로스펙터.

● 2. 월석에 간직된 잔류자기 미스터리

지금까진 충돌이론이 앞서

아폴로 우주선이 달에서 가져온 암석이 자기를 띠게 된 과정에 대해서는 지금까지는 충돌이론이 가장 설득력 있게 받아들여지고 있다. 충돌이론에 따르면 36억 년~38억 5000만 년 전 사이에 거대한 운석이 달에 충돌하면서 반대편에 거대한 가스, 먼지 구름이 생겨났다. 충돌로 인해 이온화된 가스또는 플라스마가 압축되면서 달의 자기장을 형성했다. 암석의 자기는 이때 만들어졌다는 것이다.

1998년 1월 6일 무인 탐사선 루나 프로스펙터가 달로 출발했다. 미국은 1972년 12월 아폴로17호를 끝으로 옛 소련과 경쟁적으로 벌여 오던 유인 달 탐사프로젝트를 종결했다. 25년 만에 다시 달을 찾은 루나 프로스펙터의 임무는 이전에 비해 '순수하게' 과학연구에 초점이 맞춰져 있었다. 그 가운데 하나가 달의 자기장 측정이었다. 달의 자기장 측정은 버클리 소재 캘리포니아대가 만든 자력계와 반사계가 담당했다. 연구진은 루나 프로스펙터가 보내온 4개월 치의 자기장 측정 자료를 토대로 달의 자기장이 외부 천체가 달에 충돌하면서 생겼다는 결론을 내렸다.

루나 프로스펙터는 큰 충돌 흔적이 있는 달의 '비의 바다'와 '맑음의 바다'에서 자기장을 측정했다. 자료를 분석한 로버트 린 교수는 1998년 9월 과학 전문지 '사이언스'에 발표한 논문에서 "25년 전 아폴로 탐사에서 어렴풋하게나마 드러난 충돌과 자기장의 상관관계가 루나 프로스펙터에 의해 확실해졌다"고 밝혔다. 측정 결과 자기장이 측정된 곳은 외부 천체가 충돌한 곳과 반대지점에 있었다. 이곳에는 미약한 자기권이 수백km에 걸쳐 형성돼 있었다.

지구에서 자기권은 태양풍이라고 불리는 태양으로부터 날아오는 고속(초속 300~2000km)의 대전된 입자, 즉 양성자나 전자들의 영향을 받는다. 이런 입

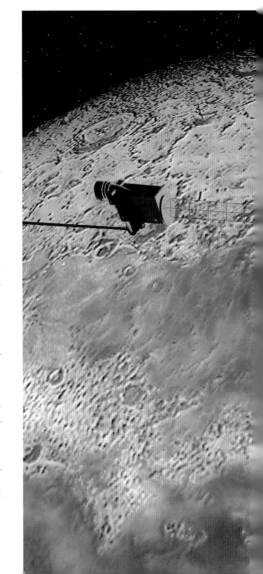

자들은 전기를 띠고 있기 때문에 지구 자기장에 잡힌다. 결국 지구 자기장은 태양풍으로부터 생물을 보호해주는 셈이다. 연구진은 달의 자기권은 이제까지 관측된 것 중 가장 작은 규모라고 밝혔다.

린 교수는 이미 1971년 아폴로15호, 1972년 아폴로16호의 전자 반사계를 이용해 달의 자기장 분포도를 작성한 바 있다. 이때도 달 표면의 어둡고 둥근 충돌 지점과 자기장 발생 지역이 정반대 위치에 있다는 점을 확인했다.

주버 교수 역시 "다이나모 이론을 의심하는 과학자들이 대안으로 찾은 것이 충돌이론"이라면서 "루나 프로스펙터가 보내온 자료는 달 표면의 충돌 구조물 일부의 반대편에서 자기장이 확인된 증거"라고 밝혔다.

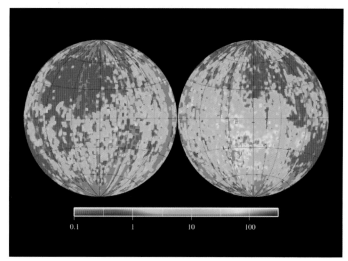

루나 프로스펙터가 관측한 달의 자기장.

1998년 1월 발사돼 1999년 7월 달에 충돌하기까지 1년 6개월 동안 달을 관측한 루나 프로스펙터.

갈릴레이가 찾은 4형제

목성과 갈릴레이 위성.
목성 탐사선 보이저가
찍은 사진을 바탕으로
칼리스토 가까이에서
바라본 모습으로
재구성했다. 편집상
좌우를 바꿨다.

이오

목성

유로파

가니메데

칼리스토

희미한 고리

주 고리

헤일로

아말테아

아드라스테아

메티스

테베

목성과 가까운 4개의 정규위성

갈릴레이 위성보다 안쪽 궤도를 돌고 있는 위성들로 상대적 크기를 비교하기 위해 실제보다 훨씬 크게 표현했다. 아말테아를 뺀 세 위성은 1979년 보이저가 발견했다. 가장 안쪽의 메티스와 그 다음의 아드라스테아는 공전궤도가 거의 같아 겹쳐 표시했다. 망원경으로 관찰되지 않는 목성 고리는 이들 위성에서 떨어져 나간 먼지로 이뤄져 있다.

망원경으로 본 목성과 갈릴레이 위성. 나머지 위성들은 워낙 작아 보이지 않는다.

갈릴레오 갈릴레이는 자신이 만든 망원경으로 목성의 위성을 발견한 사실을 지금으로부터 약 400년 전인 1610년 1월 7일 쓴 한 편지에 언급했다. 이 편지에서 갈릴레이는 목성 부근에서 '별' 3개를 발견했다고 썼다. 이 발견은 갈릴레이가 30배의 배율로 볼 수 있게 망원경을 개량한 1609년 12월에서 편지를 쓴 날 사이의 어느 날에 있었던 걸로 보인다.

갈릴레이는 1610년 1월 8일부터 3월 2일까지 이들 천체를 계속 관측한 결과 이들이 별이 아니라 목성 주위를 맴도는 위성이라는 사실을 발견했다. 또 위성 하나를 추가로 발견하기도 했다. 그

뒤 이 4개의 천체는 '갈릴레이 위성'이란 이름이 붙었다. 갈릴레오 위성의 이름은 갈릴레이와 같은 시기에 이들 천체를 발견했다고 주장하는 시몬 마리우스라는 사람이 1614년 붙였다.

마리우스는 목성의 주위를 도는 위성에 목성(주피터)의 그리스 신에 해당하는 제우스의 연인들 이름을 붙였다. 이오, 유로파, 가니메데, 칼리스토가 그들이다. 갈릴레이는 마리우스가 붙인 이름을 받아들이지 않고 대신 목성에 로마숫자를 붙여 목성 I (이오), 목성 II (유로파), 목성 III (가니메데), 목성 IV (칼리스토)로 기록했다.

밤하늘에 유일하게 움직이는 천체는 '방랑자'라는 뜻의 행성(planet), 즉 수성, 금성, 화성, 목성, 토성밖에 없다는 생각이 지배하던 시기에, 목성의 주위에서 4개의 새로운 천체가 발견되고 그 천체들이 목성 주위를 돌고 있다는 사실은 당시 지구 중심설(천동설)을 반박하는 강력한 증거가 됐다.

목성 4대 위성과 형제들

수성보다도 큰 위성 가니메데

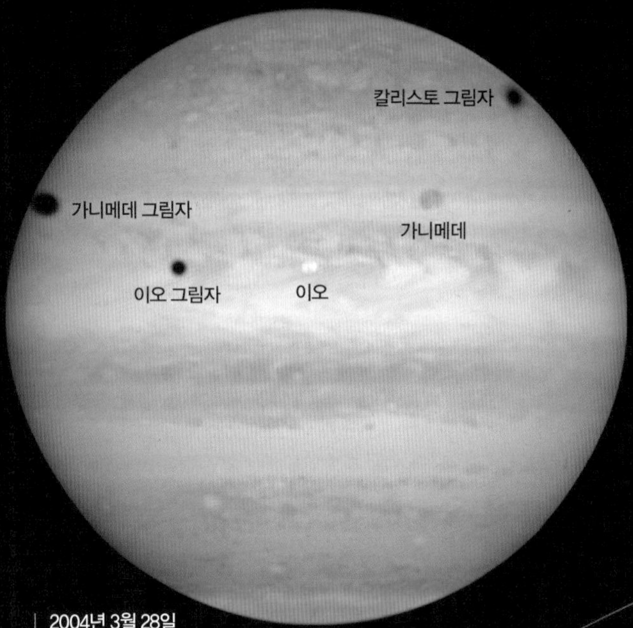

칼리스토 그림자

가니메데 그림자

가니메데

이오 그림자   이오

목성의 위성은 크게 정규위성과 불규칙위성으로 나뉜다. 8개의 정규위성은 공전궤도가 순방향(목성의 자전방향)의 원궤도로 목성의 적도면과 비교해 크게 기울지 않았다. 여기에는 갈릴레이 위성 4개도 포함돼 있다. 태양계의 천체는 크기가 어느 수준을 넘으면 자체 중력에 의해 그 모양이 구형을 이루게 되는데, 갈릴레이 위성은 목성 주위를 돌고 있지만 않다면 왜행성으로 분류될 만큼 큰 위성이다.

갈릴레이가 목성에서 이들 4개의 위성만 발견한 이유는 나머지 위성들이 워낙 작기 때문이다. 목성에서

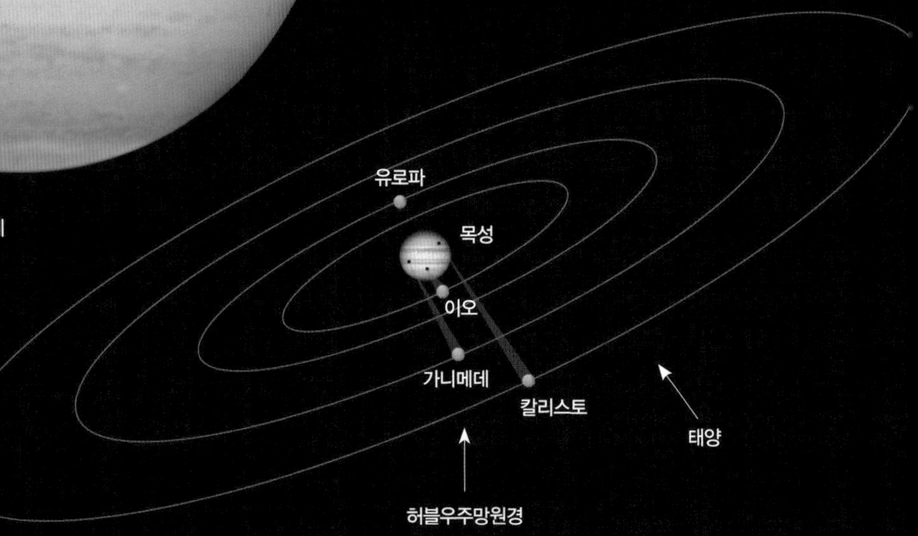

2004년 3월 28일 허블우주망원경이 포착한 3중 목성식 장면. 갈릴레오 위성 가운데 3개의 그림자가 목성에 찍혀 있고 위성 2개도 보인다. 목성 오른쪽에 있는 칼리스토는 망원경 시야에서 벗어나 있다. 오른쪽 위 이미지가 포착된 상황을 묘사했다. 이오, 유로파, 가니메데는 공전주기가 1:2:4로 공명 공전하고 있다.

유로파

목성

이오

가니메데

칼리스토

태양

허블우주망원경

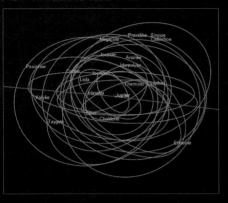

불규칙위성들의 공전궤도. 목성(가운데 Jupiter)의 공전궤도면(빨간 선)과 상당히 어긋나 있다.

가니메데

칼리스토

이오

지구

유로파

달

갈릴레이 위성은 유로파를 빼면 모두 달보다 크다. 특히 태양계에서 가장 큰 위성인 가니메데는 행성인 수성보다도 약간 더 크다.

다섯 번째로 큰 위성인 히말리아의 경우 평균 반지름이 85km에 불과하다. 아무튼 갈릴레이 위성 넷이 목성의 위성을 다 합친 질량의 99.999%를 차지한다.

나머지 4개의 정규위성은 갈릴레이 위성보다 목성 가까이에서 돌고 있다. 특히 목성에 가장 가까운 2개의 위성 메티스와 아드라스테아는 목성의 고리가 유지되도록 끊임없이 재료를 공급하고 있다.

불규칙위성은 생김새가 불규칙적이며, 그 궤도 또한 타원이면서 목성 적도면에 비해 많이 기울어져 있다. 이는 태양계에 떠돌던 소행성이 목성의 중력에 붙잡혀서 위성이 됐기 때문이다. 이 중 몇몇 위성들은 비슷한 궤도를 가지고 있는데, 이는 원래 하나의 큰 천체가 다른 천체와 충돌하며 부서져서 여러 개로 나눠졌기 때문인 것으로 추정된다.

불규칙위성은 정규위성에 비해 목성에서 멀리 떨어져 있다. 목성에서 가장 가까운 불규칙위성인 테미스토는 평균 공전 반지름이 739만km로 정규위성에서 가장 먼 칼리스토의 공전 반지름(188만km)의 4배에 이른다. 목성에서 가장 먼 위성은 2003년 발견된 'S/2003 J2'로 평균 공전 반지름이 3029만km나 된다. S/2003 J2는 반지름이 1km로 매우 작은 위성이다.

정규위성의 기원은 태양계 형성기까지 거슬러 올라간다. 태양 주위의 먼지와 가스로 이뤄진 초기 태양계 원반에서 각 행성들은 각자 소용돌이 모양으로 돌면서 만들어지는데, 이때 목성 주위에서는 상당량의 질량이 따로 뭉쳐서 초기 목성의 위성들이 됐을 것이다.

오랜 시간이 지나면서 목성의 중력과 위성 사이의 중력 때문에 몇몇 위성들은 목성에 흡수되기도 하고, 서로 간의 거리가 조정돼 현재에 이르게 된 것이다. 그래서 이오, 유로파, 가니메데가 목성 주위를 도는 공전주기가 1:2:4의 독특한 조합을 하고 있다. 한편 정규위성은 달이 늘 지구에게 같은 방향만 보여주는 것과 같은 동주기 자전을 하고 있다. 이는 목성의 중력에 의해 위성의 내부에 중력 불균형이 생겨 위성의 무거운 쪽이 항상 목성을 바라보도록 공전과 자전 주기가 맞춰졌기 때문이다.

목성의 위성

목성 4대 위성과 형제들

유로파에
생명체가 살까

갈릴레이 위성 가운데 가장 안쪽 궤도를 돌고 있는 이오는 유로파와 가니메데의 공명 공전에 갇혀 있다. 이오는 현재의 궤도 이심률(타원 궤도가 찌그러진 정도)을 유지하면서 목성 주위에 가까이 접근할 때마다 목성 쪽으로 당겨지며 모양이 찌그러지는데, 이것이 이오 내부의 열에너지원이 되고 있다. 이 에너지는 이오 내부의 방사성 동위원소에 의한 에너지보다 200배가 많아 현재에도 이오에서 관측되고 있는 화산활동의 원인으로 알려져 있다.

이오의 활화산은 400곳이 넘는다. 이오는 매우 옅은 대기층을 가지고 있으며 대기의 주성분은 화산활동으로 분출된 이산화황이다. 또 자체의 자기장이 없어서 목성의 강력한 자기장을 따라 이오에 날아오는 전자들 때문에 화려한 오로라가 발생한다. 만일 사람이 발을 디딘다면 가장 위험

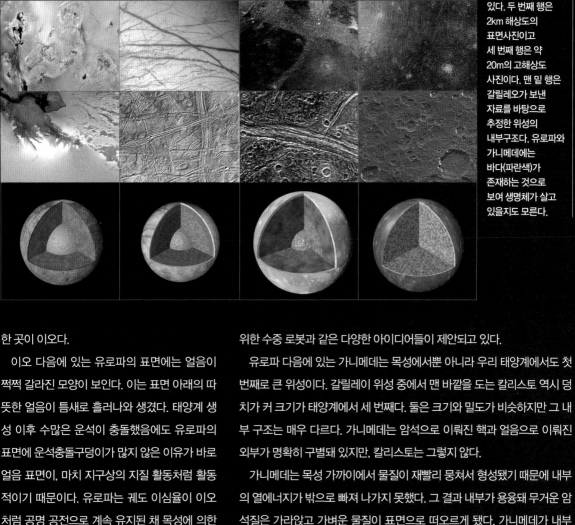

이오	유로파	가니메데	칼리스토	**갈릴레이 위성의 표면과 내부구조**

한 곳이 이오다.

이오 다음에 있는 유로파의 표면에는 얼음이 쩍쩍 갈라진 모양이 보인다. 이는 표면 아래의 따뜻한 얼음이 틈새로 흘러나와 생겼다. 태양계 생성 이후 수많은 운석이 충돌했음에도 유로파의 표면에 운석충돌구덩이가 많지 않은 이유가 바로 얼음 표면이, 마치 지구상의 지질 활동처럼 활동적이기 때문이다. 유로파는 궤도 이심율이 이오처럼 공명 공전으로 계속 유지된 채 목성에 의한 차등 중력의 영향을 받기 때문에, 내부 온도가 상승해 유체 상태의 바다가 내부에 존재할 가능성이 매우 높다.

유로파의 바다 깊이는 100km에 이를 것으로 추정된다. 지구의 심해에서 발견되는 미생물과 같은 생명체가 유로파의 심해에서도 존재할 가능

위한 수중 로봇과 같은 다양한 아이디어들이 제안되고 있다.

유로파 다음에 있는 가니메데는 목성에서뿐 아니라 우리 태양계에서도 첫 번째로 큰 위성이다. 갈릴레이 위성 중에서 맨 바깥을 도는 칼리스토 역시 덩치가 커 크기가 태양계에서 세 번째다. 둘은 크기와 밀도가 비슷하지만 그 내부 구조는 매우 다르다. 가니메데는 암석으로 이뤄진 핵과 얼음으로 이뤄진 외부가 명확히 구별돼 있지만, 칼리스토는 그렇지 않다.

가니메데는 목성 가까이에서 물질이 재빨리 뭉쳐서 형성됐기 때문에 내부의 열에너지가 밖으로 빠져 나가지 못했다. 그 결과 내부가 용융돼 무거운 암석질은 가라앉고 가벼운 물질이 표면으로 떠오르게 됐다. 가니메데가 내부 핵의 움직임에 의한 자기장이 존재하는 유일한 위성인 이유다. 반면에 칼리스토는 매우 천천히 물질이 뭉치면서 만들어졌기 때문에 이 과정에서 내부의 열에너지가 쉽게 빠져 나가 뭉친 순서 그대로 내부가 형성됐다. 한편 칼리스토는 안쪽의 위성들과 공전 공명을 하지 않고 독자적으로 목성 주위를 돈다. 검은 얼음으로 덮여있는 칼리스토의 표면에는 오래된 크레이터가 많다. 이는 화산과 같이 크레이터를 지울 수 있는 내부의 지각활동이 없음을 보여

갈릴레오가 보내온
이오의 화산 분출 장면

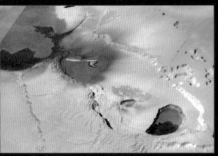

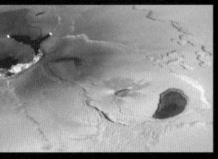

목성 궤도선 갈릴레오가 포착한 이오의 화산폭발 현장. 위는 1999년 11월 2일 찍은 사진이고 아래는 2000년 2월 22일 찍은 사진이다. 같은 지역인데 흘러내리는 용암의 위치가 다름을 알 수 있다.

목성 궤도선 갈릴레오는 유로파 표면에 황산 얼음이 존재함을 밝혀냈다. 노란색이 밝을수록 황산 농도가 높다. 유로파 표면 전체를 관측하지는 못했다.

목성 위성에 대한 탐사는 1977년 9월 발사된 보이 저1호가 처음이다. 발사 18개월 만인 1979년 3월 목 성에 27만 8000km까지 접근한 보이저 1호는 목성 근 접 사진을 전송했고 새로운 위성도 여럿 발견했다. 네 달 뒤 목성 부근을 통과한 보이저2호 역시 다양한 데 이터를 보냈다. 현재 두 탐사선은 태양계를 벗어나 항 해를 계속하고 있다.

목성 궤도선인 갈릴레오는 앞에서 언급한, 목성 위성 에 대한 구체적인 사실을 여럿 밝혀낸 주인공이다. 갈릴 레오는 1989년 10월 발사돼 6년이 넘는 여행 끝에 1995 년 12월 목성에 도착한 뒤 2003년 9월 목성과 충돌해 사 라질 때까지 목성 대기에서 암모니아 구름을 처음으로 관측했고, 이오의 화산활동과 유로파의 얼음 층 아래에 바다가 존재할 가능성을 확 인했다.

약 8년 동안 35차례나 목성 을 돌면서 갈릴레오는 목성뿐 아니라 목성 위성에 대해서 도 풍부한 데이터를 수집했 다. 특히 지구보다 100배가 강 력한 이오의 화산 활동은 초기 지구의 환경이 재현된 듯한 인상을

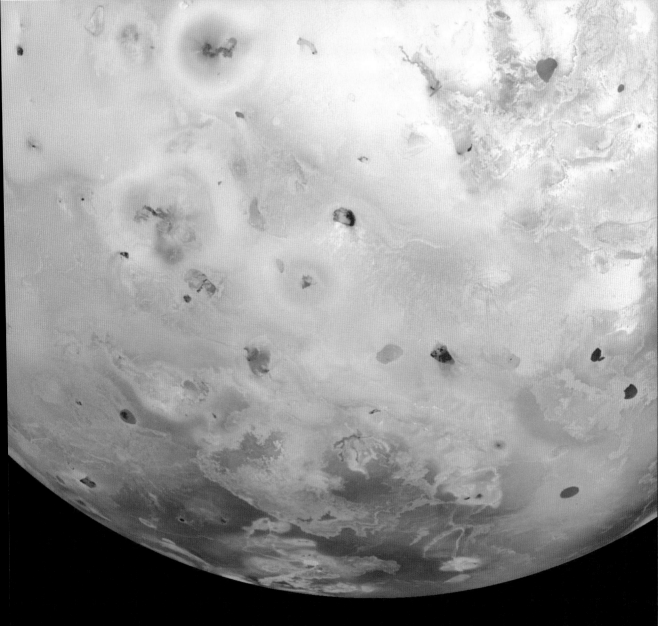

남겼다. 또 가장 큰 위성인 가니메데가 지구처럼 독자적인 자기장을 갖고 있다는 사실도 밝혀냈다. 위성으로는 최초의 예다.

2001년 10월 15일 갈릴레오는 이오에 불과 180km까지 다가가는 기록을 세우기도 했다. 그러나 이오에서 나오는 강한 복사에너지 때문에 기계가 손상돼 2002년 1월 17일 카메라가 작동을 멈추기도 했다. 갈릴레오의 최종 임무는 목성 가까이서 돌고 있는 위성 아말테아 옆을 지나가며 아말테아의 질량을 측정하는 일이었다.

목성과 그 위성에 대한 탐사는 앞으로도 계속

될 전망이다. 2011년 발사된 NASA의 주노탐사선은 2016년 목성에 도착해 극 궤도를 돌면서 목성의 내부구조와 중력장, 자기장에 대한 연구를 진행하고 있다. 2025년까지 임무를 수행할 예정이다. 2030년대에는 미국항공우주국과 유럽우주국의 탐사선들이 유로파, 가니메데 등 목성 위성에서 활약하는 모습을 볼 수 있을 것으로 기대된다.

목성과 위성 유로파는 생명체가 존재할 가능성도 있는 곳이다. 보이저 발사 이전부터 목성의 상층 대기에 생명체가 살 수 있다고 추측한 사람이 있었고, 유로파의 바다에도 지하에서 나오는 열수를 이용해 살아가는 생명체가 있을 수 있다는 가정은 잘 알려져 있다. 이런 가정이 사실이라면 인류 최초로 지구 밖 생명체와 만날 수 있는 가능성이 있는 곳이다. 400년 전 갈릴레이가 겨우 존재를 파악한 목성 위성에 인류의 발자국이 찍힐 날은 언제일까.

● 메탄비 내리는 오렌지빛 원시지구

타이탄에 생명 있을까?

지구의 생명체는 어떻게 처음 탄생했을까. 여러 가설이 있지만 많은 과학자들은 질소와 메탄 가스가 풍부한 원시 지구에 번개가 치면서 생명체를 구성하는 유기물이 만들어진 것으로 추정하고 있다. 이 유기물이 뭉쳐 생명체와 비슷한 형태가 만들어지고 이들이 진화하다 마침내 첫 생명체가 탄생했다는 것이다.

1953년 미국 과학자 밀러는 수소, 메탄, 암모니아, 수증기를 섞은 유리구에 전기를 방전해 아미노산을 만드는 실험에 성공했다. 그러나 생명 탄생의 가설을 뒷받침할 만한 증거가 지구에는 거의 남아 있지 않아 여전히 생명의 탄생은 수수께끼로 남아 있다.

호기심 가득한 사람들은 눈을 우주로 돌렸다. 광대한 우주에서는 혹시 타임머신을 타듯 원시 지구의 모습을 볼 수 있는 곳이 없을까. 그들이 발견한 곳이 바로 토성의 31개 위성 중 가장 큰 타이탄이다. 위성이라고 해도 타이탄은 수성과 명왕성보다 크며 태양계에서 2번째로 큰 위성이다.

타이탄은 여러 면에서 원시 지구와 닮은 꼴이다. 태양계의 여러 위성 중에서 유일하게 두꺼운 대기층을 갖고 있다. 더구나 지구와 타이탄에만 질소가 풍부한 대기가 존재한다. 지구와 형제인 화성이나 금성의 대기층은 이산화탄소로 이뤄져 있다.

또 타이탄에는 메탄과 에탄 같은 탄화수소 물질이 호수나 바다를 이룰 정도로 많을 것으로 추정됐다. 타이탄은 표면 온도가 영하 180℃에 달하는 얼음 세상이어서 실제로 생명체가 존재할 수는 없다. 그러나 과학자들은 이 위성이 약 40억 년 전 지구에 생명체가 처음 탄생한 순간의 실마리를 풀어줄 것으로 기대했다.

하위헌스가 타이탄 8~13km 상공에서 지표면을 360° 방향으로 찍은 합성 사진.

카시니에서 분리된
하위헌스가 타이탄에
착륙하기 위해 진입하고
있는 모습을 그린 상상도.

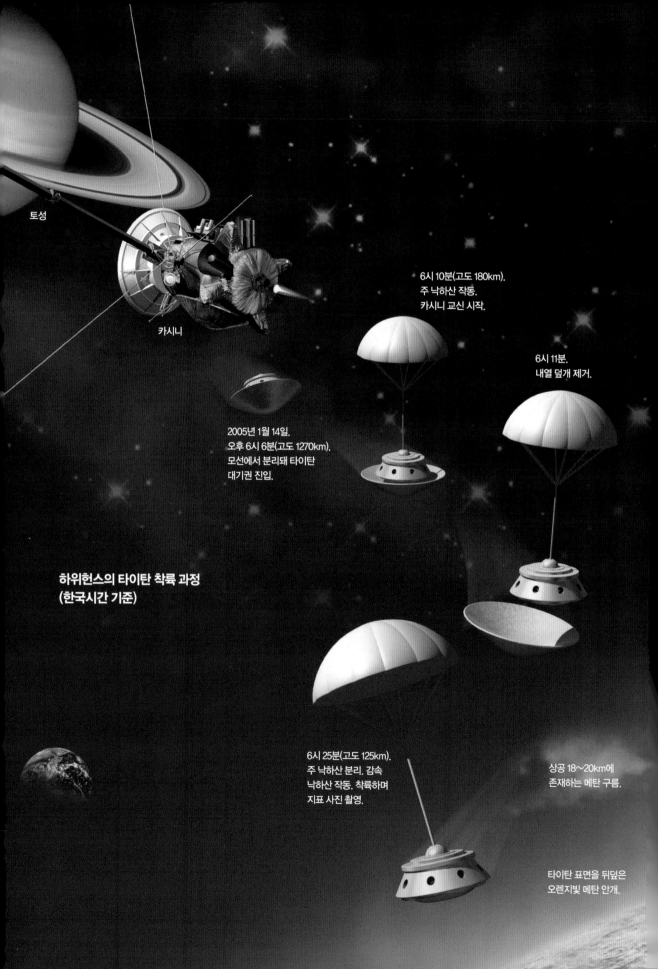

토성

카시니

6시 10분(고도 180km).
주 낙하산 작동.
카시니 교신 시작.

6시 11분.
내열 덮개 제거.

2005년 1월 14일.
오후 6시 6분(고도 1270km).
모선에서 분리돼 타이탄
대기권 진입.

**하위헌스의 타이탄 착륙 과정
(한국시간 기준)**

6시 25분(고도 125km).
주 낙하산 분리. 감속
낙하산 작동. 착륙하며
지표 사진 촬영.

상공 18~20km에
존재하는 메탄 구름.

타이탄 표면을 뒤덮은
오렌지빛 메탄 안개.

메탄비 내리는 오렌지빛 원시지구

타이탄에 메탄 비가 내린다

2005년 1월 14일 오후 6시 6분. 토성 주위를 돌던 우주선 카시니에서 착륙선 하위헌스가 떨어져 나왔다. 하위헌스는 낙하산을 펴며 조심스럽게 타이탄 표면으로 떨어졌다. 두어 시간 뒤인 8시 27분. 하위헌스가 타이탄의 표면에 착륙하는 데 성공했다. 달을 제외하면 태양계의 위성 중 처음으로 인간의 손길이 닿는 순간이었다. 하위헌스는 사진 350장을 촬영하고 각종 정보를 모아 카시니로 보낸 뒤 수명을 다했다.

모선인 카시니는 1997년 지구를 떠나 토성과 타이탄으로 향했다. 7년만인 2004년 7월 토성에 진입해 토성 고리를 촬영했으며 이번에 타이탄 탐사에도 성공했다.

하위헌스가 보낸 타이탄의 모습은 과학자들이 생각했던 원시 지구와 놀라우리 만큼 비슷했다. 무엇보다 타이탄에는 지구처럼 비가 내리고 기상활동이 있는 것으로 밝혀졌다. 강과 바다, 호수가 있다는 유력한 증거도 제시됐다. 태양계 위성에서 액체의 증거가 나온 것은 이번이 처음이다.

ESA 과학자들은 "타이탄에서는 메탄 액체가 구름을 만들고 비를 내리는 등 지구와 비슷한 기상활동을 일으킨다"고 밝혔다. 메탄은 생명체 탄생에 꼭 필요한 유기물질이어서 이 관측은 타이탄에서 생명 탄생의 비밀을 푸는 데 한발 더 다가갈 수 있게 한다.

메탄 비는 타이탄 표면을 흘러 강을 만들고 바위를 깎고 퇴적물을 쌓는다. 하위헌스가 보낸 사진 중에는 타이탄 표면에 강과 도랑으로 보이는 모습이 있었다. 하위헌스가 하늘에서 찍은 사진을 보면 해안선처럼 보이는 지형을 비롯해 메탄 온천에서 뿜어져 나온 퇴적물과 수로 같은 지형도 발견됐다.

메탄은 지구에서 기체 상태다. 그러나 온도가 낮고 대기압이 높은 타이탄에서는 메탄과 같은 탄화수소가 액체로 존재할 수 있다. 타이탄 전체가 마치 거대한 액화천연가스(LNG)통과 같다. 미국 애리조나대 피터 스미스 교수는 "액체가 없었다면 강과 도랑 같은 모양이 만들어질 수 없었을 것"이라고 설명했다.

하위헌스가 보내온 타이탄 표면은 온통 오렌지빛 얼음 세상이었다. 오렌지 색깔의 메탄 안개가 타이탄을 뒤덮고 있었다. 바닥에는 오렌지빛 얼음 자갈이 가득했다. 얼음의 성분은 메탄 등 탄화수소와 물인 것으로 보인다. 대기에는 질소가 가득했다.

8시 27분 타이탄 표면에 착륙.
10시 37분 마지막으로 카시니와 교신.

● 메탄비 내리는 오렌지빛 원시지구

타이탄에도 번개가 칠까

타이탄을 발견한 하위헌스.

타이탄에서 생명 탄생의 가설을 따라가면 번개와 맞닥뜨리게 된다. 번개가 쳐야 메탄과 질소, 수증기 등이 화학 반응을 일으켜 생명의 기원인 복잡한 유기물을 만들 수 있다. 과연 타이탄에서 번개의 증거를 찾아낼 수 있을까.

하위헌스는 낙하산을 타고 떨어지며 타이탄에서 나온 온갖 소리를 녹음했다. 만일 하위헌스가 보내온 정보에서 천둥 소리를 찾아낼 수 있다면 타이탄 대기에도 번개가 친다는 증거로 생각할 수 있다. 그렇다면 지구와 비슷한 사례가 또 있다는 뜻이므로 '원시 지구의 생명 탄생 가설'은 좀 더 힘을 받을 것이다. 그러나 현재 확인된 소리는 하위헌스가 떨어질 때 대기와 부딪치며 들린 '쉬이익' 하는 마찰음이다.

당초 하위헌스는 착륙한 지 몇 분 만에 운명을 마칠 것으로 생각했다. 부드러운 착륙을 위해 과학자들은 당초 착륙선을 타이탄의 어두운 부분 즉 호수나 바다로 생각돼온 부분에 착륙시키려고 했다. 실제로 타이탄은 그 지점에 착륙했다.

그러나 예상과 달리 밝은 곳이 호수, 어두운 곳이 땅이었다. 다행히도 타이탄이 착륙한 곳은 젖은 모래나 진흙 등 매우 부드러운 지역이었다. 하위헌스의 탐침은 타이탄 땅밑을 약 10cm 이상 파고 들어갔다. ESA

❶ 타이탄에 착륙한
하위헌스의 상상도.
❷ 오렌지색으로 빛나는
타이탄.

는 타이탄 표면이 '크렘 브륄레'(달걀, 크림, 설탕을 섞어 마든 프랑스 요리)처럼 말랑말랑할 것으로 추측하고 있다. 타이탄은 부드러운 땅에 착륙한 덕분에 오히려 3시간 가까이 살아남아 예상보다 더 오래 활동할 수 있었다.

하위헌스는 타이탄의 땅 위에서 무엇을 발견했을까. 일단 대기가 질소와 메탄으로 이뤄졌다는 사실을 확인한 것이 가장 큰 성과다. 액체 메탄도 생명 탄생의 가능성을 높여줄 것이다. 일부 과학자들은 오래 전 타이탄에 운석이 떨어지면서 발생한 열로 몇백 년 동안 물이 존재했을 가능성도 제기했다. 하위헌스는 타이탄 표면에 상당한 양의 액체가 있음을 확인했다. 얼음의 흔적도 발견했다.

하위헌스는 눈을 감았지만 모선인 카시니는 임무가 연장돼 한동안 활동했다. 예상보다 훨씬 더 오래 토성을 돌며 관측하는 것이다. 카시니는 2017년에 토성에 충돌해 수명을 다했다. ESA에서는 앞으로 화성처럼 타이탄에 무인 탐사로봇을 보내 더 자세한 조사를 하자는 의견이 강하게 나온 바 있다. 생명 탄생의 베일이 지구 먼 곳에서 서서히 걷히고 있다.

타이탄과 하위헌스의 유래

타이탄은 그리스 신화에 나오는 거인족을 가리킨다. 토성의 위성 타이탄을 처음 발견한 사람은 네덜란드 천문학자 하위헌스다. 하위헌스는 1655년 타이탄을 발견한 뒤 아이아페투스, 레아, 테티스, 디오니 등 토성의 다른 위성도 찾아냈다. 그는 토성에 고리가 있다고 주장했는데 갈릴레이가 처음 발견한 이 부분은 당시 토성의 위성으로 알려져 있어 하위헌스의 주장은 반발을 많이 샀다. 토성 고리는 나중에 프랑스 천문학자 카시니가 증명했다. 토성과 타이탄에 간 우주선의 이름은 이 두 천문학자의 이름을 딴 것이다.

소행성

1. 최초의 소행성 세레스 발견의 비화

혜성인 줄 알았던 천체

이탈리아 시칠리아섬의 팔레르모 천문대에서 있었던 일이다. 망원경을 들여다보고 있던 천문대의 대장인 주세페 피아치의 속눈썹이 겨울밤 찬 공기 속에서 파르르 떨렸다. 피아치가 이끄는 천문대에서는 수많은 별들의 위치를 이전보다 정확하게 관측하던 중이었는데, 우연히도 배경별들 사이에서 낯선 '별' 하나가 눈에 들어왔기 때문이었다. 8등급이나 되는 이 '별'은 이미 알려진 별지도에도 나타나지 않는 천체였다. 20여 년 경력의 베테랑 관측 천문학자인 피아치는 직감적으로 뭔가 새로운 천체를 발견했음을 느낄 수 있었다. 그러자 그의 가슴 깊은 곳에서 자그마한 흥분이 물결처럼 일렁거렸다. 이때가 지금으로부터 약 210년 전인 1801년 1월 1일이었다.

다음날 다시 밤하늘의 똑같은 지역을 망원경으로 살피자 새로운 천체가 약간 움직인 것처럼 보였다. 진짜 움직인 걸까 하는 약간의 의문이 생겼지만 그 다음날 이런 의심은 말끔히 사라졌다. 문제의 천체가 실제로 배경별들 사이에서 자신의 위치를 옮겼기 때문이다. 이렇게 큰 위치의 변화를 일으킬 만한 것은 태양계 내에 있는 천체밖에 없었다. 태양계 내의 새로운 천체! 피아치는 처음에 윌리엄 허셜이 천왕성을 발견했을 때처럼 새로운 혜성을 발견했다고 생각했다. 1월 24일 그는 자신의 믿음대로 새로운 혜성을 발견했노라고 다른 학자들에게 알렸다. 하지만 사실 이

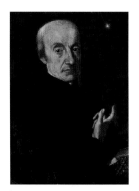

최초의 소행성 세레스를 발견한 이탈리아 천문학자 주세페 피아치의 초상화. 피아치의 뒤로 소행성 세레스가 빛나고 있다.

것은 보통 행성보다 작은 소행성이었다. 그것도 최초의 소행성인 세레스!

지금은 1801년 1월 1일 최초의 소행성을 발견했다고 쉽게 말할 수 있지만 피아치가 만났던 미지의 천체가 다름아닌 소행성이었음이 밝혀지기까지는 피아치 전후에 여러 우여곡절이 있었다. 이제부터 세레스 발견의 비화에 귀 기울여 보자.

현재는 수많은 소행성들이 화성과 목성 사이에서 띠(소행성대)를 이룬 채 태양 주위를 돌고 있다는 사실은 자명하다. 하지만 케플러 시대만 하더라도 이곳은 미지의 공간이었다. 독일의 요하네스 케플러는 행성의 궤도가 타원이고 행성들의

공전주기와 거리 사이에 일정한 관계가 있음을 밝혔지만 행성들의 거리가 어떻게 결정됐는지는 알 수 없었다. 하지만 케플러도 무언가를 직감했던지 1596년 이곳에 새로운 행성이 있어야 한다는 내용의 논문을 발표했다.

그후 1751년 독일의 수학자 다니엘 티티우스가 태양으로부터 행성들의 거리 사이에 존재하는 관계를 자세히 연구했다. 티티우스는 행성들의 거리 사이에 재미있는 관계를 발견했으며 화성과 목성 사이에 중요한 공백이 있다는 사실에 주목했다. 이런 연구는 티티우스와 동시대를 살던 독일 베를린 천문대의 대장인 요한 보데에게 깊은

인상을 주었고 보데는 티티우스가 발견한 이런 관계를 자신의 기본천문학교과서에 담아 출간했다. 이 관계는 '티티우스–보데의 법칙'으로 알려져 있다.

이것은 일종의 수열로 행성들의 거리와 밀접한 관계가 있다. 먼저 0, 3, 6, 12, 24, 48… 순서로 숫자배열을 만든다. 이들은 0을 제외하면 바로 앞의 수를 2배 하면 그 다음 수가 나오는 관계를 가진다. 이런 배열에서 각각의 수에 4를 더하고 다시 10으로 나눈다. 그러면 0.4, 0.7, 1.0, 1.6, 2.8, 5.2…의 수열이 탄생한다. 놀랍게도 이 수열은 지구에서 태양까지의 거리(1AU)를 1.0으로 보았을 때 순서대로 태양에서부터 행성들까지의 거리와 일치했다. 단 태양으로부터 2.8AU 떨어진 곳에는 그때까지 알려진 행성이 없었다. 이런 점은 티티우스–보데 법칙의 맹점이기도 했다. 하지만 오히려 미지의 행성이 그곳에 있을 것이라고 상상하게끔 유도해 수많은 천문학자들이 새로운 행성을 찾아 밤하늘을 헤매게 만들었다.

● 1. 최초의 소행성 세레스 발견의 비화

발견 후 6주 만에 잃어버린 새 천체

1781년 3월 독일계 영국 천문학자인 윌리엄 허셜이 천왕성을 발견하자 이 숫자배열은 다시금 주목을 받았다. 토성 밖에서 태양을 돌고 있던 새로운 행성 천왕성이 바로 이 수열이 예측하는 바로 그 위치에 있었기 때문이다. 티티우스-보데 법칙은 보데의 육감 차원을 넘어 정말 타당성이 있는 사실처럼 보이기 시작했다. 하지만 다른 한편으로는 반발도 만만치 않았다. 미스터리한 배열에 아무런 이유 없이 행성들의 거리가 맞아 들어간다는 점이 더욱 미스터리했던 탓이다.

천왕성의 발견으로 태양계의 행성의 숫자는 7개로 늘었다. 이에 대해 유명한 독일의 철학자 게오르크 빌헬름 헤겔은 다른 사물, 예를 들어 인간의 머리에 존재하는 구멍의 수가 7개뿐이기 때문에 행성의 숫자도 7개뿐이라고 주장했다. 헤겔은 약간 황당해 보이는 이런 생각을 바탕으로 화성과 목성 사이에 행성이 존재하지 않는다는 내용의 논문을 발표하기도 했다.

1801년 1월 이탈리아의 주세페 피아치가 새로운 혜성을 발견했다고 공표하자 많은 논란이 일어났다. 새로운 천체의 발견자인 피아치 본인은 새로운 혜성이라고 발표했지만 보데와 같은 천문학자는 새로운 행성이 출현했다고 굳게 믿었다. 드디어 화성과 목성 사이에 존재하는 미지의 행성이 모습을 드러냈다고 생각했던 것이다. 이를 확인하기 위해 새 천체를 계속 관측할 필요가 있었다. 당시에는 충분히 여러 날을 관측해야 새 천체의 궤도를 확인할 수 있었기 때문이다.

하지만 피아치는 새 천체를 2월 11일까지밖에 관측하지 못했다. 너무 과로했던 탓인지 심하게 아파서 관측을 중단해야 했다. 북유럽의 천문학자들도 새 천체의 발견 소식을 접하고 이 천체를 찾아보려 했지만 문제의 천체는 이

피아치가 팔레르모 천문대에서 소행성 세레스를 발견할 때 사용한 망원경. 특이하게 생긴 이 망원경은 람스덴식 접안렌즈를 사용해 '람스덴 서클'이라 불린다.

것은 가우스법이라고 해서 지금도 사용되고 있다. 가우스는 11월에야 계산을 끝냈고 문제의 천체가 6주 동안 처음 위치에서 3° 정도 이동했음을 구해냈다. 곧바로 독일의 폰 자크에게 결과를 알려줬다. 가우스는 이를 계기로 자신의 뛰어난 계산 능력을 유럽 전역에 알릴 수 있었다.

폰 자크는 피아치보다 먼저 새로운 행성을 찾으려고 국제협력을 주도했던 인물이었다. 여러 나라의 학자들에게 하늘의 일정부분을 할당해 서로 협력하에 새 행성을 찾아 나서고자 했다. 물론 이탈리아의 피아치에게도 할당 부분을 알리려 했는데, 공교롭게도 바로 그 시기에 피아치의 발견이 이뤄졌던 것이다.

결국 폰 자크는 12월 마지막 날 밤에 가우스가 정확히 예측했던 지점에서 문제의 천체를 다시 만날 수 있었다. 피아치가 처음 발견한 지 1년 만이었다. 물론 화성과 목성 사이에, 티티우스-보데 법칙이 예측하는 그곳에 위치한 미지의 행성 자격으로 말이다. 이때 새로운 행성의 이름은 피아치의 제안에 따라 세레스로 지어졌다. 세레스는 로마 농업의 여신이자 시칠리아 수호의 여신이었다.

세레스는 티티우스-보데 법칙이 예측했던 바로 그 행성으로 널리 알려졌다. 하지만 얼마 되지 않아 독일의 하인리히 올베르스가 별처럼 생긴 움직이는 천체를 또 하나 발견했다. 이 천체는 다름 아닌 소행성 팔레스였다. 학자들에게는 큰 충격이었지만 세레스는 최초의 소행성이라는 자격을 획득하는 순간이었다. 2개의 소행성이 발견되자 또 다른 소행성이 있을 것이라는 생각이 자연스럽게 흘러나왔다.

천문학자들은 열심히 새로운 소행성을 찾으려고 노력했다. 1804년에 주노, 1807년에 베스타의 발견이 이어졌다. 그 다음 소행성을 발견하는 데는 시간이 좀 더 걸렸다. 독일의 아마추어 천문학자 칼 엔케가 15년 동안 찾아 헤맨 끝에 1845년 다섯 번째 소행성을 만났다. 이렇게 발견되기 시작한 소행성들은 이후 계속 발견돼 1890년이 되자 개수가 300개를 넘었다.

한편 티티우스-보데 법칙은 점차 힘을 잃어갔다. 최초의 소행성 세레스의 크기가 지름이 900km 정도로 다른 행성에 비해 크기도 작지만 이렇게 소행성 숫자가 늘어가자 행성 거리를 나타내는 법칙으로서의 지위를 의심받게 됐다. 더욱이 1848년 독일의 요한 갈레가 해왕성을 발견하자 용도 폐기 직전까지 갔다. 해왕성까지의 거리가 티티우스-보데 법칙이 예측하는 수치와 큰 차이가 있었기 때문이다.

물론 1930년 미국의 클라이드 톰보가 발견한 명왕성의 거리와는 엄청난 차이를 보였다. 티티우스-보데의 수열이 행성들의 거리와 비슷했던 점은 단순한 우연의 결과였던 것이다. 하지만 미국의 행성천문학자 제라드 카이퍼는 행성의 질량과 거리를 고려해서 물리적인 근거로 이 수열을 설명하려고 애를 쓰기도 했다.

미 태양 가까이 자신의 모습을 숨기고 있었다(물론 이런 사실은 나중에야 알게 됐다). 피아치의 발견이 허사가 돼버리는 순간이었다. 온하늘을 다시 뒤지는 작업은 요원한 일이었고, 피아치가 발견할 때부터 관측을 중단할 때까지의 기간, 즉 6주의 관측 기간은 당시로서는 궤도를 계산해내기에 턱없이 부족한 자료였다.

이때 23살의 젊은 나이인 독일의 천재 수학자 칼 프리드히 가우스가 구세주로 나타났다. 가우스는 한 신문에서 새 천체의 발견과 실종에 대한 기사를 읽고 큰 흥미가 생겼다. 그는 자신의 일은 제쳐두고 이 문제를 해결하기 위한 해결사로 나섰다.

우선 가우스는 피아치가 관측한 6주간의 관측 자료를 가장 큰 단서로 삼았다. 그 다음 전체 궤도에서 조그만 호에 대한 정보만으로도 전체 궤도를 계산해낼 수 있는 새로운 방법을 고안해 냈다. 유럽의 많은 천문학자들이 실패했던 일이다. 이

소행성

● 2. 작전명 돈키호테! 소행성을 막아라

소행성의 위협

"텍사스주 크기의 소행성이 지구로 돌진한다. 미국 항공우주국(NASA)은 핵폭탄을 소행성 속에 장치해 이를 파괴하려 한다. 유전 굴착 전문가들이 작업에 투입된다."

1998년 개봉한 영화 '아마겟돈'의 줄거리다. 영화에서는 작은 소행성이 파리 시내에 떨어져 에펠탑이 눈 깜짝할 새에 사라지는 모습이 나왔다. 또다른 영화 '딥 임팩트'는 혜성이 지구에 충돌해 수백m가 넘는 해일이 뉴욕을 휩쓰는 장면을 생생하게 그렸다. 과연 가까운 미래에 이들 영화가 현실이 될까.

소행성 충돌의 위험을 알리는 보도는 심심찮게 나온다. '2004MN4'라는 이름의 소행성은 당초 2029년 지구와 충돌할 가능성이 1%나 된다고 2004년 12월 처음 알려져 충격을 줬다. 인간이 발견한 가장 위험한 소행성이었다.

정밀 관측 결과 이 소행성은 2029년 지구를 비껴갈 것으로 확인됐다. 안심하기는 이르다. 2035, 2036, 2037년에 각각 한 차례씩 지구와 충돌할 수 있다는 전망이 새로 제기됐다. 이 소행성이 지구에 충돌하면 1000메가톤급의 에너지가 폭발해 적어도 몇 개 국가에 큰 피해를 줄 것으로 예상됐다.

과연 인류는 사상 최악의 소행성 충돌을 경험할 것

인가. 전문가들은 일단 가능성을 굉장히 낮게 잡고 있다. 한국천문연구원 문홍규 연구원은 "2036년에 이 소행성이 지구와 충돌할 확률은 1만 3000분의 1"이라며 "지금까지 발견된 소행성 중에는 높은 편이지만 실제로 위험한 소행성이라고 보기는 어렵다"고 설명했다.

다만 소행성 2004MN4은 태양과 지구 안쪽 궤도를 돌고 있어 관측할 기회가 매우 적다는 것이 문제다. 소행성이 태양에 가려 사라지기 때문이다. 앞으로 이 소행성을 관측할 기회는 2006년과 2029년 두 번밖에 없다. 2029년까지 충돌 가능성을 잘못 계산하면 지구에 충돌할지도 모를 2036년까지 대책을 세우기가 매우 어렵다.

다행히 소행성 2004MN4은 궤도를 바꾸기가 비교적 쉽다. 우주선이 도달하기 쉬운 거리에 있어 기술적으로 달보다 착륙이 쉽다. 소행성 크기가 작아 핵폭탄을 사용하지 않아도 궤도를 바꿀 수 있다. 우주방위재단의 카루시 회장은 회의에서 "2013년에 소행성으로 우주선을 발사해 표면에 각종 측정기기와 송수신기를 설치해서 물리적 특성과 지질 구조를 조사해야 한다"고 주장했다. 그는 "필요한 경우 2014~2024년 사이에 소행성의 궤도를 바꿔야 한다"고 제안했다.

그렇다면 지구에 접근하는 소행성 또는 혜성의 궤도를 어떻게 바꿀 수 있을까. 영화에서는 주로 핵폭탄을 설치하거나 핵미사일을 명중시켜 소행성을 산산조각낸다. 그러나 전문가들은 이런 방법을 가장 마지막에 선택해야 할 최후의 방법으로 본다. 조각난 소행성의 진로가 어떻게 바뀔지 몰라 지구에 새로운 위협이 될 수 있기 때문이다. 방사능 낙진이 지구에 피해를 줄 수도 있다.

문홍규 연구원은 "현재 논의되고 있는 방법들은 소행성을 파괴하는 대신 진로를 살짝 바꾸는 기술들"이라고 설명했다. 먼 거리에서 소행성의 진로를 조금만 바꿔도 지구에 다가올 때는 상당한 차이로 비껴가기 때문이다.

구상 단계지만 소행성의 진로를 바꾸는 방법

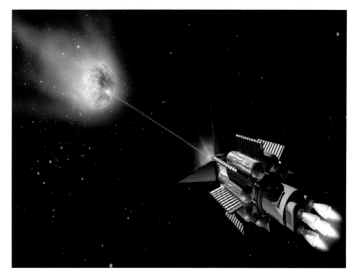

지구와 충돌할 혜성에 접근해 강력한 레이저를 쏘는 상상도.

중에 재미있는 것들이 많다. 하나는 소행성에 '태양풍 돛'을 설치하는 것이다. 태양에서는 눈에 보이지 않는 수많은 입자들이 쏟아져 나온다. 과학자들은 이들을 바람에 빗대 태양풍이라고 부른다. 과학자들은 지구의 위치에 맞춰 소행성에 태양풍 돛을 달면 소행성이 일종의 우주돛단배가 될 수 있다고 본다. 돛단배가 바람에 밀려 가듯 태양풍을 받아 소행성이 조금씩 지구와 다른 방향으로 이동하게 된다.

다른 방법은 소행성에 추진 로켓을 다는 것이다. 소행성을 마치 돌로 된 우주선처럼 만들어 방향을 자유자재로 바꾼다. 레이저를 이용하는 방법도 있다. 표면에 얼음이 많은 소행성이나 얼음덩어리로 된 혜성에 특히 효과적이다. NASA와 관련 연구를 함께 해 온 연세대 천문우주학과 박상영 교수는 "소행성이나 혜성에 레이저를 쏘면 물질이 기화돼 가스로 분출된다"고 밝혔다. 분출되는 가스의 추진력이 천체의 궤도를 바꾼다. 이 방법은 천체를 원하는 방향으로 움직이게 할 수 있는 것이 장점이다.

무식해 보이지만 우주선을 직접 소행성에 충돌시킬 수도 있다. 소행성을 파괴하는 것이 아니라 밀어내는 것이 주 목적이다. 비슷한 방법으로 우주선을 소행성에 댄 뒤 일본 스모 경기처럼 밀어내는 기술도 있다. 이밖에 우주선에서 커다란 금속구를 쏴 소행성에 충돌시키거나 지구에 접근하는 큰 소행성에 작은 소행성을 충돌시켜 마치 당구 경기를 하듯 위험을 없앨 수 있다. 소행성에 폭탄을 군데군데 매설해 폭파시킬 수도 있다.

긴 공전주기를 가진 혜성(장주기혜성)은 소행성보다 더 위협적이다. 지금까지 발견된 장주기혜성은 빙산의 일각에 지나지 않는데다 태양계 외곽에서 날아와 방향을 전혀 예측할 수 없기 때문이다.

● 2. 작전명 돈키호테! 소행성을 막아라

소행성 몰아내는 돈키호테

소행성의 위협은 과장이나 영화 속 이야기만이 아니다. 6500만 년 전 공룡의 갑작스러운 멸종 원인으로 가장 유력하게 손꼽히는 것이 커다란 소행성의 충돌이다. 6500만 년 전 지름 10km 크기의 소행성이 멕시코 유카탄반도 앞바다에 떨어졌다. 이 충격으로 지구 전체에 해일과 지진, 화산 폭발, 핵겨울과 같은 저온 기후가 몰아쳐 공룡이 멸종했다는 것이다.

공룡의 멸종만이 아니다. 지구 역사에서 모두 5번의 대멸종 사건이 벌어졌다. 이 중 3억 8000만 년 전 고생대 데본기 후반부에 일어난 생물의 대멸종과 2억 5000만 년 전 삼엽충을 비롯한 고생대 생물의 멸망 원인이 소행성이나 혜성의 충돌 때문이라는 연구가 있다. 생물의 대규모 멸종이 모두 소행성 때문은 아니지만 적어도 소행성 충돌이 지구 역사에서 적지 않게 일어났고 앞으로도 그럴 가능성은 충분하다.

소행성의 위협에서 지구를 지키려는 연구는 이미 시작됐다. 이 프로젝트의 이름은 '돈키호테'. ESA가 계획했던 돈키호테는 지구로 향하는 소행성에 부딪쳐 경로를 바꿔 놓을 수 있는지를 시험할 예정이었다. 본선과 충돌선으로 이뤄지며, 충돌선이 소행성에 충돌한 뒤 남은 본선이 소행성의 모양이나 내부 구조가 충돌로 인해 어떻게 바뀌었는지를 관측하고자 했다. ESA는 2015년 돈키호테를 발사할 계획이었지만, 아쉽게도 프로젝트가 취소됐다.

한편 NASA는 2005년 1월 '템펠1' 혜성에 충돌할 우주선 '딥 임팩트'를 발사했다. 이 우주선은 같은 해 7월 4일 혜성과 370kg짜리 구리 충돌체를 부딪히게 하는 실험을 했다. 4억 km가 넘는 여정을 거친 끝에 소행성에 도달한 딥 임팩트는 예정된 시간에 정확히 목표로 한 위치에 충돌했다. 충돌 결과로 생긴 크레이터는 지름이 100m, 깊이가 30m였다. 이후 소행성은 13일에 걸쳐 가스를 방출했으며, 총 500만 kg의 물과 1000~2500만 kg의 먼지를 잃었다. 과학자들은 이런 실험으로 소행성의 내부 구조를 알아내 태양계 생성의 비밀을 밝히고, 지구에 충돌하는 일을 막기 위한 방법을 연구한다.

한국 역시 천문연을 중심으로 지구에 접근하는 소행성을 감시하고 있다. 해외에 무인관측기지를 설치하고 우주감시 기술을 개발해 지구에 다가오는 소행성을 찾아내 궤도를 추적하고 있다. 남아프리카공화국, 칠레, 호주 등지에 무인관측소를 설치해 지구 남반구에서 소행성을 감시하는 새로

한국천문연구원이 촬영한 '리니어 혜성'. 7장의 사진을 영역별로 찍어 합성했다. 혜성도 지구에 충돌하면 엄청난 충격을 준다.

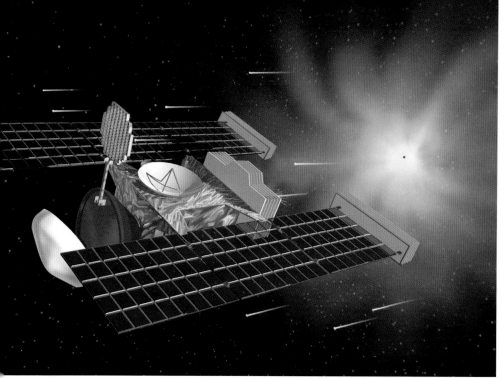

우주탐사선이 채집기를 펼쳐 혜성 물질을 수집하는 상상도. NASA는 2005년 혜성탐사선 '딥임팩트'를 발사했다. 탐사선은 '템펠1' 혜성에 충돌했다.

운 시도도 시작했다.

하지만 소행성을 감시하는 연구는 한 국가가 감당해 낼 수 있을 정도로 만만하지 않다. 드넓은 태양계에는 수없이 많은 소행성이 있기 때문이다. 또한 태양계 외곽에 있는 소행성은 지구에서 관측하기도 쉽지 않다.

수백만 년에 걸쳐 인류가 일궈낸 문명도 소행성 충돌 한 번에 쓰러질 수 있다. 우주방위재단의 카루시 회장은 소행성의 위협이 영화가 아닌 '실제'라고 밝혔다. 우리의 어깨에 소행성의 위협에서 지구를 지켜야 할 의무가 얹혀 있다.

소행성 에로스의 표면. 소행성은 암석과 금속이 약한 중력으로 뭉쳐 있다.

소행성을 막는 첨단 기술들

과학자들은 지구에 접근하는
소행성을 우주선, 미사일,
태양풍 돛 등 다양한 기술로 막아
내는 방법을 구상하고 있다.

태양풍 돛

소행성에 태양풍 돛을
단다. 돛이 태양에서
날아오는 태양입자를
받아 추진력을 얻는다.
마치 돛단배가 떠가듯
소행성이 지구와 다른
방향으로 이동한다.

대형 금속구

지구 또는 우주선에서 커다란
금속구를 소행성에 쏴
충돌시킨다.
금속공에 부딪힌 소행성의
궤도가 바뀐다.

작은 소행성

작은 소행성을 이동시켜
지구에 접근하는 큰 소행성과
충돌시킨다. 마치 당구공이
부딪히듯 이 충격으로 큰
소행성의 궤도가 바뀐다.

핵미사일

지구 또는 우주선에서
핵미사일을 쏴 소행성을
폭파시킨다. 소행성이 어느
방향으로 갈지 몰라 가장
최후에 사용할 방법이다.

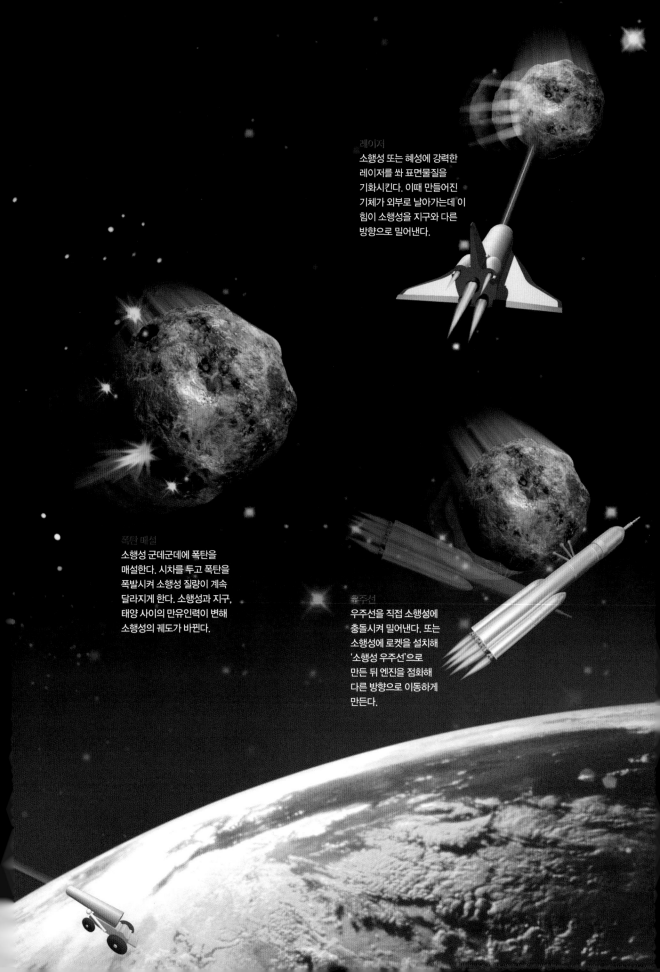

레이저
소행성 또는 혜성에 강력한
레이저를 쏴 표면물질을
기화시킨다. 이때 만들어진
기체가 외부로 날아가는데 이
힘이 소행성을 지구와 다른
방향으로 밀어낸다.

폭탄 매설
소행성 군데군데에 폭탄을
매설한다. 시차를 두고 폭탄을
폭발시켜 소행성 질량이 계속
달라지게 한다. 소행성과 지구,
태양 사이의 만유인력이 변해
소행성의 궤도가 바뀐다.

우주선
우주선을 직접 소행성에
충돌시켜 밀어낸다. 또는
소행성에 로켓을 설치해
'소행성 우주선'으로
만든 뒤 엔진을 점화해
다른 방향으로 이동하게
만든다.

명왕성 퇴출! 행성이 뭐기에?

명왕성은 행성 아니다

2006년 8월 24일 오후 3시 32분 체코 프라하의 제26회 국제 천문연맹(IAU) 총회장은 수백 명의 천문학자들이 치켜든 노란 표지의 물결로 뒤덮였다. 태양계 행성에 대한 새로운 정의가 압도적 다수의 지지를 받아 통과되는 순간이었다. 이 표결의 결과로 명왕성은 행성 자격을 박탈당했다. 태양계 행성은 한때 12개로 늘어난다는 뉴스가 나왔다가 결국 명왕성이 퇴출돼 8개로 줄었다. 명왕성은 왜 퇴출됐고, 도대체 행성이란 뭐기에 이럴까.

뜻밖에도 이전까지 '행성'에 대해 공식적인 정의를 내린 적이 없었다. 고대에는 하늘의 정해진 위치에 있는 별들에 대해 상대적으로 떠돌아다니는 천체를 '방황하는 별'(wandering star)이라고 불렀고 17세기 망원경이 발명되면서부터는 태양 주위를 도는 크고 둥근 천체를 모두 행성으로 간주했다.

2006년 8월 24일 제26회 국제천문연맹 총회장이 노란 표지로 뒤덮였다. 수백 명의 천문학자들이 명왕성을 태양계 행성에서 퇴출시키는 '행성 정의안'을 압도적으로 지지한다는 뜻이었다.

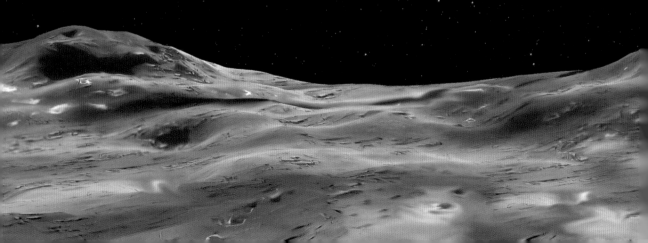

명왕성

카론

2005년 허블우주망원경으로
발견된 명왕성의 위성
'히드라'에서 본 상상도.
명왕성과 위성 카론이 보인다.

태양계 행성 8개의 합성 사진.
왼쪽 위부터 시계방향으로 수성,
금성, 지구, 화성, 목성, 토성,
천왕성, 해왕성이다.

명왕성 퇴출! 행성이 뭐기에?

논란에 휩싸였던 명왕성의 지위

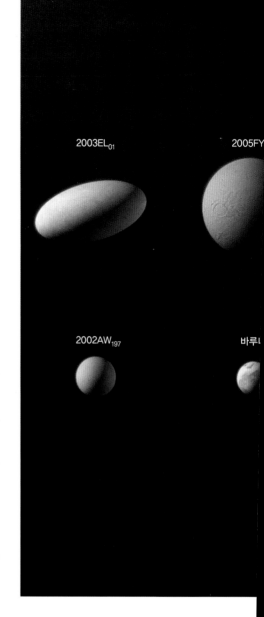

2003EL_{01}

2005FY

2002AW_{197}

바루나

이번 IAU 표결의 핵심인 명왕성의 행성 지위에 대한 논란은 사실상 1930년 미국의 클라이드 톰보가 명왕성을 발견한 당시부터 시작됐다. 천왕성의 운동에 영향을 미친다고 생각했던 미지의 행성 'X'를 80여 년 동안이나 찾아 헤매던 천문학자들에게 지구의 달보다 작은 크기의 명왕성은 실망스러운 존재였다. 명왕성은 지름이 지구의 5분의 1도 채 되지 않으며, 질량은 지구의 500분의 1에 불과하다. 그럼에도 1919년에 창설된 IAU는 발견 당시 명왕성을 행성으로 인정했다.

하지만 1990년대 초 이래 태양계 외곽의 카이퍼 벨트에서 커다란 얼음 천체들(태양계가 형성되고 남은 잔해)이 속속 발견되면서 명왕성의 위치가 흔들리기 시작했다. 특히 일부 카이퍼 벨트 천체는 크기가 명왕성에 견줄 만하다는 사실이 알려지자 논란이 일어났고 2005년에 발견된 2003UB3130이 명왕성보다 크다는 사실이 허블우주망원경 관측에 의해 밝혀지면서 논란은 절정에 이르렀다.

결국 피할 수 없는 질문이 터져 나왔다. 명왕성이 행성이라면 이들 천체 역시 행성이라고 해야 하지 않을까. 이런 논란에 앞장선 사람이 바로 2003UB313을 발견한 미국 캘리포니아공대의 마이클 브라운 교수였다. 그는 제나(Xena)라는 비공식적 이름까지 붙인 2003UB3130이 10번째 행성으로 인정받아야 한다고 주장했다. 제나는 당시 방영하던 TV 드라마의 여전사 이름이었다. 현재 2003UB313은 에리스라는 이름으로 불리고 있다.

마침내 태양계 천체의 명명을 책임지고 있는 IAU가 2004년 19명의 행성 과학자들로 위원회를 구성해 행성의 정의에 대한 합의점을 찾으려고 노력했다. 그러나 실패로 돌아갔다. IAU는 다시 2006년 초 천문학자 외에 작가와 역사학자까지 포함하는 7명으로 행성정의위원회를 새롭게 구성했다.

2006년 총회의 표결에 들어가기 약 1주일 전인 8월 16일 이 위원회가 제출한 초안에는 태양 주위를 돌되 항성(별)이나 위성이 아닌 둥근 형태의 천체는 모두 행성으로 정의했다. 이에 따르면 기존의 9개 행성 외에도 소행성대에서 가장 큰 소행성 세레스와 명왕성의 가장 큰 위성 카론, 그리고 에리스의 세 천체가 새롭게 행성의 지위를 부여받아 태양계의 행성 수는 12개로 늘어날 전망이었다.

세드나　　　오르쿠스　　　콰오아　　　2002TX₍₃₀₀₎

익시온　　　베스타　　　팔라스　　　하이기아

2006년 8월 16일 행성정의위원회가
제출한 초안에 따라 행성이 될 수 있었던
1차 후보 천체들. 초안이 통과됐다면
앞으로 수백 개의 행성이 더 나올 뻔했다.

그러나 이 초안은 즉각 거센 저항에 부딪쳤다. 논란의 초점은 행성의 정의를 크기나 모양과 같은 개별적 특성뿐 아니라 공전궤도의 형태나 주위에 다른 비슷한 천체들의 존재 여부와 같은 외부 특성에도 근거해야 하지 않는가였다. 특히 행성의 운동을 연구하는 학자들은 소행성대나 카이퍼 벨트처럼 수많은 천체가 비슷한 궤도를 공유하는 경우 그중 일부 천체만 행성으로 간주할 수 없다는 반론을 제기했다.

즉 진정한 행성이라면 자신의 궤도 영역을 완전히 장악함으로써 주위 다른 천체들을 합치거나 쫓아내 주변을 정리했어야 한다는 주장이다. 과학적 논란은 별개로 치더라도 초안의 정의를 따를 때 앞으로 수십 개, 심지어는 수백 개의 행성이 더 나올 가능성 역시 일반 대중에게 매우 혼란스러웠다.

결국 2년에 걸친 산고 끝에 탄생했던 초안은 2번의 공개토론을 거치면서 불과 며칠 새 대폭 수정되는 소동이 벌어졌다. 행성정의위원회는 초안을 수정한 뒤 표결에 붙였다. 이 수정안에서도 부가조항을 덧붙여 명왕성을 여전히 '행성'으로 남기려고 발버둥쳤다.

'행성'을 명왕성을 제외한 나머지 8개의 '고전 행성'과 명왕성을 포함하는 '왜행성'의 두 종류로 나누자는 조항이었다. 하지만 이 조항은 통과되지 못했다. 아무래도 행성정의위원회가 천문학계의 '민심'을 제대로 파악하지 못했던 모양이다.

● 명왕성 퇴출! 행성이 뭐기에?

결국 행성에서 빠지다

결국 2006년 8월 24일의 투표에서 최종 확정된 정의에 따르면, 행성은 다음과 같은 특징이 있어야 한다.

ⓐ 태양 주위를 돌아야 한다.
ⓑ 충분히 큰 질량을 가져 자체 중력 때문에 둥글어야 한다.
ⓒ 자신의 궤도영역에서 소위 '짱'으로 주변의 다른 천체들을 물리친 천체여야 한다.

이에 따라 수성, 금성, 지구, 화성, 목성, 토성, 천왕성, 해왕성의 8개만 '행성'으로 남게 됐다. ⓐ와 ⓑ의 조항만 만족하면서 위성이 아닌 천체들은 '왜행성'(태양 주위를 돌며 둥근 천체로 영어명은 'dwarf planet'이다. 태양 같은 별의 최후인 고밀도 천체를 '백색왜성'(white dwarf)이라 부르는데서 착안한 명칭이다)으로 명명됐다.

명왕성을 포함한 왜행성은 '꼬마행성'이라 할 수 있지만 행성이 아니다. IAU 초안에서 이중행성으로 잠시 유명세를 탔던 카론은 그냥 위성으로 남았다. 앞으로 왜행성의 수는 계속 늘어날 것이 확실하지만, 현재 인정된 8개의 행성 외에도 미래에 새로운 '행성'이 추가될 가능성은 있을까. 아직 카이퍼 벨트의 바깥 경계가 어디쯤인지 확실히 모르는 상황에서는 설사 지구보다 더 큰 천체가 발견될지라도 ⓒ조항에 걸려 새 행성으로 인정받지는 못할 것이다.

어찌됐건 이번 IAU 총회에서 벌어진 격렬한 논쟁의 핵심은 명왕성이었다. 7인 위원회가 제출한 초안과 최종 결의안 간의 가장 눈에 띄는 차이도 바로

명왕성이 행성 지위를 유지할 수 있는 조건의 유무였다. 아마도 명왕성이 미국인이 발견한 유일한 행성이어서인지 어떤 미국 천문학자는 IAU의 결정에 대해 8월 24일이 '명왕성을 잃어버린 날'로 기억될 것이라며 아쉬움을 토로하기도 했다.

그러나 행성이 됐다가 밀려난 경우가 이번이 처음은 아니다. 세레스는 1801년 발견 당시 행성으로 등극했다가 다른 소행성들이 계속 발견되면서 50년 뒤 행성의 위치에서 쫓겨난 전력을 갖고 있다. 명왕성 역시 카이퍼 벨트의 발견과 함께 76년 만에 행성의 자리를 내놓게 돼 세레스의 전철을 밟은 셈이 됐다.

또한 2006년 IAU의 결의안에서 주목할 점은 ⓐ조항에 명시했듯이 일단 태양계 행성에 대해서만 정의를 내렸다는 사실이다. 태양계 내 집안싸움만 해도 골머리가 아픈 판이라 현재까지 500개 이상 발견된 외계행성뿐 아니라 별에 속박되지 않은 채 우주공간을 자유롭게 떠도는 행성들은 생각지도 못하고 있다.

물론 논란이 없었던 것은 아니다. 일부 천문학자는 IAU의 이번 결정에 대한 반대 서명운동까지 벌였다. 이 중에는 2006년 1월 명왕성을 탐사하러 떠

난 '뉴호라이즌스' 프로젝트팀을 이끄는 앨런 스턴 박사도 포함돼 있다. 뉴호라이즌스가 온갖 우여곡절 속에 명왕성이 '태양계에서 유일하게 탐사되지 않은 행성'이라는 명분을 내걸어 가까스로 발사될 수 있었던 점을 감안하면 이해가 간다. 이들은 거의 1만 명에 가까운 IAU 회원 중 겨우 4%인 400여 명만 투표에 참가해 천문학계의 의견을 대표한다고 볼 수 없다고 주장했다.

흥미롭게도 에리스의 발견자로서 논란에 불을 지핀 당사자 중 하나인 브라운 교수 자신은 IAU의 결정에 승복한다는 입장을 표명했다. 설혹 자신이 발견한 천체가 행성이 되더라도 온갖 '어중이 떠중이'가 덩달아 모두 행성이 된다면, 행성으로 지정받는 의미가 퇴색한다는 사실을 깨달았기 때문인지 모른다.

❶ 미국 캘리포니아공대 마이클 브라운 교수가 발견했던 2003UB313의 상상도. IAU는 2003UB313의 공식 이름을 '에리스'라고 발표했다. 에리스는 그리스신화 속 '싸움의 여신'으로 행성 논란을 일으킨 장본인에 어울리는 이름이다.
❷ 태양계 외곽의 수많은 얼음 천체들로 구성된 카이퍼 벨트의 상상도. 왼쪽 멀리 태양이 보인다.

1. 태양계의 냉동창고, 카이퍼 벨트

혜성은 어디서 올까

❶ 국내 천체사진가 박승철 씨가
촬영한 헤일-밥 혜성. 1995년 발견됐다.
❷ 1986년 찾아왔던 핼리 혜성.
76년 주기로 지구를 찾아오며,
2061년에 다시 볼 수 있다.

동서양을 불문하고 예로부터 사람들은 하늘에 5개의 행성이 별자리 사이를 여행하는 것을 알고 있었다. 수성, 금성, 화성, 목성, 토성이 바로 그 움직이는 행성이다. 옛사람들은 행성이 지구 주위를 돈다고 생각했다. 또 5행성과 태양, 그리고 달이 하늘에 있는 무수히 많은 별과 다른 특수한 천체라고 생각했다. 그러기에 이 천체들이 서양에서는 요일의 이름에 사용되고, 동양에서는 음양오행설의 기초가 된 듯하다.

그러나 행성들이 태양을 초점으로 하는 타원궤도를 돌고 있고, 지구도 이 행성 중의 하나라는 사실을 케플러가 밝힌 후 사정은 달라지기 시작했다. 지구가 특별한 존재가 아님은 물론, 행성도 꼭 6개(지구를 포함)일 이유가 없다는 인식이 싹튼 것이다.

이러한 인식은 1781년 독일의 천문학자 허셜이 7번째 행성인 천왕성을 우연히 발견한 후로 더욱 확산됐다. 그 후 천문학자들은 본격적으로 새 행성을 찾아나서 1846년에 8번째 행성인 해왕성을, 그리고 1930년에 한때 9번째 행성으로 간주됐던 명왕성을 발견해냈다. 그 뒤로 10번째 행성(Planet-X)을 발견하기 위한 노력이 이어졌다.

하지만 1992년 명왕성 궤도 밖에 있는 조그만 천체들이 발견되면서 10번째 행성에 대한 기대는 예상치 못한 방향으로 전개되기 시작했다. 새로 발견된 천체들은 명왕성 궤도보다 더 먼 곳에 있지만 행성이라고 부르기에는 너무 작고 수도 너무 많기 때문이다. 그 전에도 크기가 작은 행성은 화성과 목성 사이에서 5000여 개 이상 발견되어 이 지역을 소행성대라고 불러 왔다. 이처럼 명왕성 궤도 밖의 지역에도 많은 작은 행성들이 관측돼 카이퍼 벨트라는 가설적 용어가 실제로 확인되었다.

그런데 카이퍼 벨트에서 천체가 많이 확인되더니 2000년대에 들어서 명왕성 질량에 견줄 만큼 큰 천체들이 발견되기 시작하였다. 급기야 2006년에는 명왕성보다 질량이 큰 천체가 발견되면서, 천문학자들은 곤란한 입장에 놓이게 되었다. 새로 발견된 에리스를 비롯해 명왕성과 규모가 비슷한 천체들을 모두 행성이라 부르게 되면, 행성의 숫자가 너무 많아지게 되기 때문이다. 결국, 2006년 국제천문연맹에서 태양계 천체들의 종류에 왜행성이라는 용어를 추가하여 명왕성을 비롯한 몇몇 천체를 왜행성으로 부르기로 결의했다.

이는 명왕성이 다른 행성에 비해 너무 작고, 다른 행성과 달리 명왕성 궤도가 해왕성 궤도를 통과하며, 앞으로도 명왕성 정도 질량의 천체가 카이퍼 벨트에서 많이 발견될 것이 예상되기 때문에, 태양계 천체의 새로운 부류로 왜행성을 설정하게 된 것이다. 명왕성을 행성에서 제외함으로서 태양계는 8개 행성과 다수의 왜행성, 소행성과 혜성을 포함하는 수많은 작은 천체로 이뤄지게 되었다. 2008년까지 왜행성으로 명왕성, 에리스, 하우메아, 마케마케, 그리고 소행성대에 있는 세레스를 포함하여 5개가 인정받았다. 이후 카이퍼 벨트에서 더 많은 왜행성과 작

은 천체들이 발견되고 있다.

이 카이퍼 벨트 천체들은 태양계 형성 과정을 증언하는 데 중요한 역할을 한다. 그들의 존재는 1950년대에 네덜란드 출신의 미국 천문학자 카이퍼가 예견했다. 그는 태양계 형성 초기에 행성을 만들다가 남은 무수히 많은 소천체들이 명왕성 궤도 밖에 마치 태양계의 8개의 행성을 묶는 벨트처럼 존재한다고 주장했다.

하지만 당시에는 이들을 관측할 방법이 없었다. 이 작은 천체들을 발견하게 된 것은 최근의 일로, 대형망원경과 감도가 좋은 CCD(전하결합소자) 사진기가 개발된 덕분이다. 이들의 밝기는 맨눈으로 볼 수 있는 가장 어두운 별보다 무려 1000만 배나 어둡기 때문에 과거의 장비로는 발견할 수 없었다.

카이퍼는 무슨 근거로 원시 소천체들이 명왕성 궤도 밖에 대(belt)를 이루며 모여 있을 것이라고 주장했을까. 그의 주장은 가끔 갑자기 나타나 우리를 놀라게 하는 혜성이 어디서 왔는지 설명하는 과정에서 시작됐다.

혜성은 소행성과 달리 태양계 먼 바깥에서 안쪽으로 뛰어 들어오는 궤도를 가졌다. 얼음과 먼지 덩어리로 이뤄진 혜성이 태양에 가까워지면 태양열에 의해 얼음이 녹고 엄청난 양의 먼지를 발산하게 된다. 이 먼지들의 실제 크기는 수십km 이지만, 태양빛이 반사되어 우리 눈에는 수십만km에 해당하는 솜덩어리처럼 보인다. 혜성 주위의 먼지는 태양풍과 혜성의 운동 때문에 긴 꼬리를 형성함으로써 다른 천체와 확연히 구분되는 장관을 하늘에 연출하기도 한다.

대표적으로 핼리 혜성은 76년마다 지구 근처를 지나가면서 긴 꼬리를 자랑한다. 그러나 혜성은 태양에 근접할 때마다 엄청난 양의 먼지와 얼음, 그리고 기체를 잃는다. 그래서 핼리혜성과 같은 주기혜성은 약 1000번(약 7만 년) 정도 태양에 근접하고 나면 수명을 다하리라고 예측된다. 따라서 혜성은 다른 행성이 45억 년이나 살아온 데 비해 그 수명이 매우 짧다.

● 1. 태양계의 냉동창고, 카이퍼 벨트

혜성의 저장창고

그러므로 우리가 혜성을 지금도 지속적으로 볼 수 있다는 사실은 새 혜성들이 어디선가 계속해서 태양계 안쪽으로 진입한다는 것을 뜻한다. 즉 태양계 바깥 어딘가에 '혜성 창고'가 있어 가끔씩 태양계 안쪽으로 새 혜성을 공급한다는 이야기다. 1996년 3월경 우리나라에서 볼 수 있었던 햐쿠타케 혜성도 처음으로 태양계 안쪽으로 들어온 혜성이다. 이런 새 혜성은 1년이면 수십 개씩 발견되곤 하다.

혜성창고가 있다는 것을 처음 주장한 사람은 네덜란드의 천문학자 얀 오르트였다. 혜성 궤도는 대부분 태양계 밖 매우 먼 곳에서 시작되는 포물선 궤도이다. 또 진입 방향이 태양을 중심으로 전 사방에 골고루 분포한다. 이러한 관측사실로부터 오르트는 태양에서 약 10만AU(천문단위) 떨어져 태양을 구형으로 감싸는 혜성구름이 존재한다고 주장했다.

그는 혜성들이 애초에 외행성을 형성하고 남은 소천체들로, 목성, 토성, 천왕성, 해왕성이 형성된 후 이들이, 특히 목성의 중력으로 인해 튕겨 나갔다고 생각했다. 그 후 혜성들은 오랜 세월을 차가운 태양계 먼 공간에서 지내다가 근처를 지나는 별의 섭동으로 태양계 안쪽으로 진입하게 된다고 오르트는 주장했다.

이 가설은 혜성의 기원을 아주 잘 설명한다. 천문학자들은 혜성의 저장 창고 역할을 하는 혜성구름을 '오르트 구름'이라고 불렀다. 여기서 혜성구름은 수많은 혜성이 구름처럼 분포돼 있다는 의미다.

카이퍼는 이러한 오르트의 가설에 만족하지 않고 한 걸음 더 나아가 명왕성 바로 바깥에 많은 혜성의 저장창고가 있을 것이라고 주장했다. 즉 태양계 형성 초기에 외행성 주위에 많은 소천체들이 존재했다면, 그 주위에 아직도

소천체들이 어느 정도 남아있을 것이라는 추론이다. 행성이 생긴 후 해왕성 궤도 주위까지는 소천체들이 외행성의 중력으로 인해 행성들에게 잡히거나 오르트 구름으로 튕겨져 나갔지만, 바로 밖, 즉 해왕성–명왕성 궤도(명왕성과 해왕성의 궤도는 서로 겹쳐 있음) 밖의 소천체들은 그대로 생존해 있다는 가설이다.

이렇게 생존하고 있는 소천체들은 그 지역의 온도가 매우 낮으므로 태양계 형성 초기의 원시

화성

화성과 목성 사이의 소행성대에서 본
태양계 상상도. 태양계에는 바위덩어리
정도의 작은 천체가 무수히 많다.

물질을 변화 없이 그대로 보존하고 있을 가능성
이 크다. 마치 태양계가 형성됐던 45억 년 전에
만들어진 음식을 냉동창고에 보관하고 있는 것과
같다. 그러나 카이퍼 벨트의 천체들이 관측되기
전까지 냉동창고 속의 음식을 맛볼 수 없었다.

그러던 중 1970~1980년대 몇몇 이론가들이
카이퍼 벨트가 존재할 가능성에 대한 신빙성을
높여줬다. 핼리혜성과 같은 단주기혜성들(공전주
기가 200년 이내인 행성)은 다른 혜성과 달리 공

전면에 가까운 궤도면을 가졌다는 사실이 이들 추론의 출발점이었다.

즉 단주기혜성들이 오르트 구름에서 왔다면, 이들 궤도면은 행성 공전면
과는 전혀 상관없이 무질서한 분포를 보여야 할 것이다. 그러나 이들이 명왕
성 궤도 밖의 카이퍼 벨트에서 왔다면, 당연히 행성들의 공전 궤도면에서 그
리 벗어나지 않을 것이다. 모든 행성들이 태양 주위에 원반형으로 분포하던
소천체들로부터 형성되었으므로, 행성들의 공전면은 서로 거의 일치한다.
카이퍼 벨트 역시 이런 소천체들로 이루어졌다면 이 공전면상에 대부분 분
포할 것이다. 그러나 이는 단지 이론이며 가설일 뿐이고, 과학적 정론이 되려
면 관측인 실험에 의한 확인이 필요하다.

● 1. 태양계의 냉동창고, 카이퍼 벨트

태양계 생성 초기의 잔해들

드디어 1992년 8월 미국의 두 젊은 천문학자 데이비드 쥬윗과 제인 루가 5년간의 관측 끝에 명왕성 궤도 밖의 조그만 천체를 발견하는데 성공했다. 특히 베트남 난민 출신인 루는 10세 소녀 때 미국으로 건너가 천문학을 전공했고 쥬윗 교수로부터 박사학위를 받았다. 그가 이 발견으로 하버드대의 교수로 발탁됐다는 성공담은 꽤 유명하다.

카이퍼 벨트에서 처음 발견된 천체는 1992QB1으로 명명됐다. 1992QB1 발견 이후로 처음 3년 동안 32개의 카이퍼 벨트 천체가 발견됐다.

이 천체들은 모두 해왕성 궤도 밖에 있으며 거의 같은 공전면을 가지고 있다. 크기는 100~400km 정도로 명왕성보다 훨씬 작고, 핼리혜성보다 10~40배 정도 크다. 참고로 명왕성의 크기는 지름 2300km이고, 그의 위성 샤론의 지름은 1100km이다.

현재의 발견 빈도로 추정해 볼 때, 카이퍼 벨트에는 100km보다 큰 천체가 적어도 3만 5000개 이상 있을 것으로 추측된다. 이는 화성과 목성 사이에 있는 소행성대 전체 질량의 100배 이상으로 추정된다. 소행성대는 세레스라는 소행성의 발견으로 1801년부터 알려지기 시작했으나, 그보다

목성

해왕성

카이퍼 벨트는 해왕성과 명왕성 밖에 있으며, 이곳에 태양계 형성 초기의 원시 물질이 남아 있는 것으로 보인다.

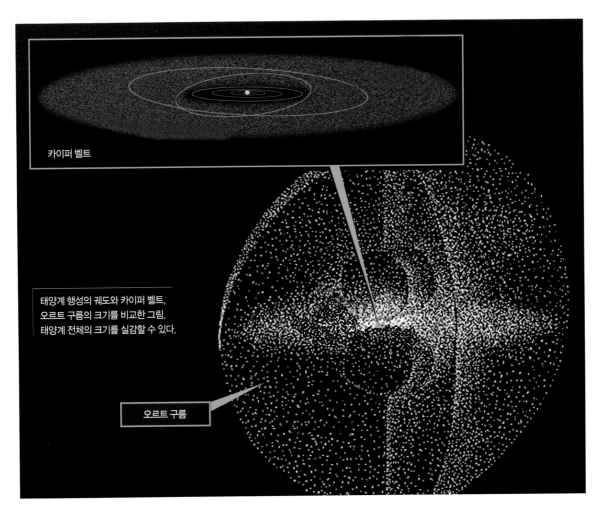

카이퍼 벨트

태양계 행성의 궤도와 카이퍼 벨트,
오르트 구름의 크기를 비교한 그림.
태양계 전체의 크기를 실감할 수 있다.

오르트 구름

더 큰 카이퍼 벨트는 이제 막 그 정체를 드러내기 시작했을 뿐이다. "자다 깨보니 내 집이 열 배나 커져 있더라"라는 발견자 쥬윗의 말대로 참으로 놀랄 만하다.

그렇지만 카이퍼 벨트가 단주기혜성의 공급창고라는 직접적인 증거는 아직 없다. 왜냐하면 발견된 카이퍼 벨트의 천체들이 너무 희미해 자세한 구성성분을 측정하기가 아직 어렵기 때문이다. 그 대신 해왕성이 카이퍼 벨트의 안쪽 경계에 있는 천체를 섭동으로 끌어들일 수 있다는 구체적 계산들이 이 가설을 지지하고 있다. 그렇다면 카이퍼 벨트에서 단주기혜성으로 전환되는 과정에 있는 천체가 현재도 존재해야 할 것이다. 즉 해왕성 궤도 밖과 안을 오가는 궤도를 가진 천체가 있어야 한다.

1977년에 발견된 카이론은 이런 천체일 가능성이 많다. 카이론은 처음에 소행성으로 분류됐다. 하지만 그 궤도가 소행성대와 토성, 천왕성 사이에 걸쳐 있고, 먼지의 분출 현상이 가끔 보였기 때문에, 요즈음은 반소행성 반혜성이라는 뜻으로 켄타우로스(그리스 신화에서 반인반마)라고 부른다.

이 켄타우로스 중에서 폴루스는 매우 붉은 빛을 띠는 것으로 유명한데, 1992QB1의 색깔 역시 매우 붉어 그들이 서로 같은 연원을 갖는 천체라고 추정된다. 따라서 카이퍼 벨트 천체들이 해왕성의 섭동으로 외행성 지역으로 끌려들어와 켄타우로스 천체가 되고, 이들이 다시 외행성의 중력 작용으로 인해 내행성 지역으로 보내져 단주기혜성이 된다는 가설은 설득력이 있다.

아무튼 카이퍼 벨트의 천체들이 태양계 형성 초기의 원시 물질을 간직하고 있을 것은 거의 확실하다. 이제 이들의 구성 성분과 공간 분포를 자세히 관측하게 되면, 태양계 행성의 생성에 대한 비밀이 하나하나 벗겨질 것이다. 이를테면 집안에서는 그 집이 무엇으로 만들어졌는지 도무지 알 길이 없다가, 집 밖에 나가보니 그 재료들이 고스란히 남아있는 것과 같다. 게다가 이 남겨진 재료가 냉동보관까지 잘되어 있는 셈이 아닌가.

혜성

● 2. 소행성이 혜성으로 변신한다고요?

단단한 소행성, 무른 혜성

단단한 소행성이면 소행성이고 푸석푸석한 혜성이면 혜성이지. 소행성이 혜성으로 변신한다니 무슨 말일까. 태양계에서 무슨 둔갑술이라도 부리는 걸까. 태양계에서 작지만 매운 고추가 바로 소행성과 혜성이다.

2억 5000만 년 전 지구의 생명체 80%를 없애 버렸으며 6500만 년 전에는 공룡을 멸종시켰다고 알려져 있다. 지름 1km 이상이면 지구 전체에 대재앙을 몰고 올 수 있어 세계 각국에서는 이 같은 크기의 근지구천체(NEO)를 찾아내 감시하고 있다. 화성과 목성궤도 사이의 영역(소행성대)에서 벗어난 소행성이나 상당히 찌그러진 궤도를 가진 혜성이 지구를 위협하는 NEO가 된다.

1990년대 이래 미국, 유럽, 호주, 한국 같은 나라의 천문학자들이 구경 1m 안팎의 망원경으로 NEO를 발견하기 위해 전 하늘을 뒤져 왔다. 특히 NASA는 지름이 1km보다 큰 NEO 중 90% 이상을 찾아내겠다는 '우주방위 목표'를 세웠다가, 2003년엔 추적할 NEO의 크기 기준을 140m 이상으로 내리며 경계태세 수위를 높였다. 지름 140m면 대도시 하나를 날려 버릴 정도도.

한국천문연구원 우주과학연구부 최영준 박사는 "더 작고 어두운 천체를 찾으려고 노력하다 보니 그 노력의 부산물로 태양계 외곽에 있는 소천체인 카이퍼 벨트 천체(KBO)도 많이 발견했다"고 밝혔다. 작은 소행성이나 멀리 있는 KBO나 똑같이 어둡게 보인다. 사실 2006년 행성 자격을 박탈당한 명왕성도 KBO 중 하나다.

카이퍼 벨트는 소행성대와 모양이 비슷하지만 해왕성 궤도 바깥으로 폭넓게 위치한다는 점에서 다르다. 암석과 금속으로 구성된 소행성과 달리 KBO는 혜성처럼 얼음과 먼지로 이뤄져 있다. 카이퍼 벨트에서 불안정한 궤도를 돌던 천체 중 일부가 200년 이하의 주기로 태양에 가까이 다가왔다 멀어지는 혜성(단주기 혜성)이 된다.

단단한 소행성과 푸석푸석한 혜성. 혜성의 핵은 암석이 아닌 얼음이다. 먼지가 잔뜩 낀 얼음이라 '더러운 눈뭉치'를 상상하면 된다. 태양에 가까이 오면 표면이 증발해 가스와 먼지가 핵 주위를 감싸 흔히 아는 혜성의 모습이 되는 것이다. 둘은 이렇게 다른데, 소행성이 어떻게 혜성으로 변신하는 걸까.

❶ 소행성대가 있는
외부항성계의 상상도.
❷ 2015년에 명왕성에
도착하는 뉴호라이즌스의
상상도.
뉴호라이즌스는 태양계를
떠나기 전에 카이퍼 벨트에
있는 몇몇 천체를 탐사했다.

● 2. 소행성이 혜성으로 변신한다고요?

소행성도 아니고
KBO도 아니야

사실 멀리서 관측하면 소행성과 혜성을 구분하기 쉽지 않다. 다만 혜성이 기체를 내뿜어 핵 주변에 뿌연 코마를 갖거나 꼬리가 길게 뻗어 있다는 특징이 다른 점이다. 흥미롭게도 소행성대와 카이퍼 벨트 사이에서 '켄타우로스'라 불리는 소천체가 100여 개나 발견됐다. 그리스신화에 나오는 반인반마 괴물처럼 켄타우로스는 소행성도 KBO도 아니다.

최 박사는 "KBO 중 일부가 목성의 영향을 받아 궤도가 교란되면 태양계 안쪽으로 들어와 혜성이 된다"며 "켄타우로스는 KBO와 혜성의 중간 형태"라고 설명했다. 미국 제트추진연구소에서 근무하던 최 박사는 2005년 12월 우연히 켄타우로스의 하나인 에쉐클루스를 관측하다가 놀라운 사실을 발견했다.

단단한 소행성으로 알려져 있던 이 천체가 뿌옇게 보이는 것이 아닌가. 에쉐클루스에서 기체가 분출되면서 혜성의 특징인 뿌연 코마가 생긴 것이다. 최 박사는 이 사실을 바로 국제 소행성센터에 보고했고 2008년 4월 '태평양천문학회지'에 논문으로 발표했다.

에쉐클루스에는 소행성 번호(60558)에 주기 혜성을 뜻하는 기호(P)가 붙여졌다. '60558 174P 에쉐클루스'라고. 최 박사는 "에쉐클루스는 소행성이 혜성으로 탈바꿈한 두 번째 사례"라며 "첫 사례는 발견된 지 1년 만에 코마를 보인 카이론"이라고 말했다. 카이론은 기체를 강하게 분출해 혜성처럼 근일점(태양에서 제일 가까운 곳)의 위치가 계속 바뀐다.

켄타우로스가 KBO에서 혜성으로 바뀌는 중간 단계라는 설명에서 아직 해결 안 된 부분이 있다. 혜성은 크기가 10km 안팎인데, 현재 관측된 켄타우로스는 크기가 100km 안팎이다. 켄타우로스가 혜성이 되려면 잘게 쪼개져야

한다는 뜻이다. 최 박사는 "켄타우로스가 어떻게 쪼개지는지 설명하려면 큰 망원경으로 더 작은 종류를 찾아야 한다"고 설명했다.

다행히 ESA의 로제타 탐사선이 혜성의 비밀을 파헤치기 위해 혜성을 방문해 조사하기도 했다. 로제타 스톤에서 이름을 딴 로제타 탐사선은 2004년 아리안 로켓에 실려 발사됐고, 2014년 추류모프-게라시멘코 혜성에 도착했다. 주변을 돌면서 혜성 사진을 찍었고, 착륙선 필레를 혜성에 안착시켰다. 필레가 충돌하듯 착륙하는 과정에서

남긴 흔적을 분석해 보니, 혜성 표면 물질이 카푸치노 거품보다 부드러울 정도로 무른 것으로 나타났다.

소행성이든, 혜성이든 지구를 위협하는 NEO는 아직 다 발견되지 않았다. 한국천문연구원 문홍규 박사팀이 NEO 관측을 시뮬레이션해 2008년 미국 행성천문학회지 '이카루스'에 발표한 논문에 따르면, 현재 관측시설과 감시방법으로는 크기 1km 이상의 NEO 가운데 90%는 2010~2011년에야 발견할 수 있으며 약 8%는 2016년 이후에

도 찾기 어렵다는 예상이다.

그렇다면 해결책은? 문 박사는 "황도(하늘에 투영된 지구공전궤도) 근처를 집중 관측할 뿐 아니라 지금보다 구경이 큰 전용 망원경을 동원해야 한다"고 제안했다. 현재 미 공군은 하와이 마우나케아에서 구경 1.8m의 펜스타즈망원경을 NEO 탐사전용으로 가동하기 시작했고 미국 국립광학천문대는 칠레에 구경 6.5m의 광시야 망원경 LSST를 준공해 NEO 탐사에 활용할 계획이다. 문 박사는 "중형급 광시야 망원경을 이용하면 수백m급 NEO의 상당수를 찾아낼 수 있을 것"이라고 내다봤다. 이 과정에서 NEO로부터 우리 문명을 지켜낼 방안을 마련할 뿐 아니라 켄타우로스 같은 태양계 소천체의 탄생과 진화에 얽힌 비밀도 밝혀낼 수 있으리라.

영원히 그 모습 그대로 빛날 것만 같은 별들에게도
수명이 다하는 날이 있듯이, 우리가 살고 있는 태양계도
언제까지나 이대로일 수만은 없다. 다행히 태양은 아직
젊어 우리가 지구의 운명을 걱정할 필요는 없다.
하지만 태양도 약 50억 년이 지나면 적색거성이 된다.
물론 그때쯤이면 지구는 물론 태양계의 웬만한 행성은
모두 태양에 흡수돼 있을 것이다.
태양이 나이를 먹어감에 따라 지구는 어떻게 변할 것인가.
태양계 최후의 날을 상상해보자.

적색 거성이 된 태양

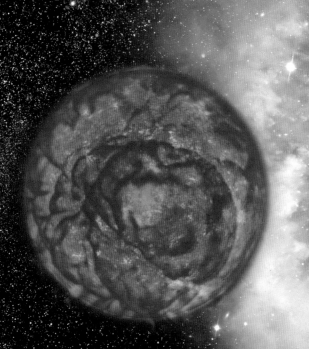

태양계

지구는 증발?

불타거나 얼거나, 또는 메마르거나

태양계 최후의 날

● 50억 년 뒤 100배 커진 태양에 먹힌다?

적색거성이 된 태양

25억 년 뒤 지구는 이미 뜨거워진 태양에서 오는 열기에 휩싸여 생명체가 살기 어려운 지경에 이른다. 인류는 지구연합의 주도로 숨이 턱턱 막히는 외부와 차단된 첨단도시 '에덴'을 따로 건설해 그 안에서 살고 있다. 하지만 태양이 점점 더 뜨거워져 머지않아 태양열을 차단하는 에덴의 방어막은 유지되기 힘든 상황을 맞는다.

지구연합 산하 지구방위사령부는 전 세계 과학자들의 자문을 받아 '인류구원프로젝트'를 수립한다. 이 프로젝트는 소행성의 궤도를 변화시켜 지구 근처를 통과하게 하면 지구가 궤도 에너지를 얻어 태양에서 멀어진다는 내용이 골자다.

태양이 적색거성이 되면 현재보다 훨씬 강한 열기를 뿜어내 지구의 대륙이 녹아내릴 것이다.

지구방위사령부가 우주왕복선 '코스모스'를 출동시키기에 앞서 천문학자들은 소량의 에너지를 들여 지구 근처로 몰고 올 수 있는 소행성을 고른다.

화성과 목성 사이에 있는 소행성 중에서 지름 100km 짜리 소행성 '야누스'가 선택된다. 우주왕복선 코스모스는 장거리 우주 여행을 마치고 소행성 야누스에 조심스럽게 다가간다. 이때 갑자기 지구방위사령부 통제센터에는 1급 비상이 걸린다.

소행성에 장착해야 하는 역추진로켓이 우주선에서 빠져나오지 않는 위기 상황이 발생한 것이

다. 통제센터의 과학자들은 지구에서 코스모스와 똑같은 우주선을 작동시키며 해결책을 찾으려 하나 여의치 않다. 할 수 없이 우주왕복선의 선장은 베테랑 우주인 브루스 킴에게 우주유영을 하며 역추진로켓을 소행성에 설치하라는 명령을 내린다.

브루스 킴이 역추진로켓을 소행성의 예정된 곳에 장착하는 순간 이마에 땀이 흐르고 등골이 오싹해진다. 야누스는 공룡을 멸망시켰던 것으로 예상되는 소행성보다 약 6배나 더 큰 것이라 궤도를 조금이라도 잘못 바꾼다면 지구에 엄청난 재앙을 일으킬 수 있다는 생각이 뇌리에 스쳤기 때문이다. 잘못하면 인류를 구원이 아니라 자멸로 이끌 수도 있다. 그가 무사히 돌아오자 소행성을 지구로 향하게 하려고 역추진로켓이 분사되기 시작한다. 지구로 귀환하는 코스모스 뒤로는 붉은 태양이 점점 열기를 더하고 있다. 두 얼굴의 신 야누스는 과연 인류를 구원할까.

지구의 생명체에게 없어서는 안 될 존재인 태양이 수십억 년 뒤에는 지금보다 더 많은 에너지를 뿜어내며 인류에게 커다란 위협을 가하는 상황에서 벌어질 만한 가상 시나리오다. 이는 지구의 운명이 태양의 미래에 달려 있다는 사실을 단적으로 보여 준다.

태양은 46억 년 전 거대한 수소분자구름이 중력 수축하며 뭉칠 때 중심에서 탄생했다. 태양은 핵에서 수소를 태워 헬륨을 만들기 시작하면서 생애를 시작했고 곧이어 지구를 비롯한 행성도 형성됐다.

천문학자들의 계산에 따르면, 태양은 약 100억 년간 수소를 태우며 빛나는 주계열성으로 살아간다. 태양은 앞으로 50억 년가량 지금과 비슷하게 지낼 수 있는 셈이다. 하지만 약 50억 년 뒤 중심에서 수소를 다 태우고 나면 태양은 덩치가 지금보다 훨씬 큰 '적색거성'으로 변신한다.

● 50억 년 뒤 100배 커진 태양에 먹힌다?

불타거나 얼거나, 또는 메마르거나

최근 과학자들의 연구에 따르면 수십억 년 뒤 지구의 운명은 크게 3가지로 갈라진다. 지구는 태양의 열기에 불타 재가 되거나 태양계 밖으로 쫓겨나 우주의 혹한구역에 살지 모른다. 또는 이렇게 되기 전 지구는 메말라 생명체가 살 수 없는 세계로 바뀔 수도 있다.

먼저 지구가 거대한 풍선처럼 부푼 태양에 '먹히는' 경우를 살펴보자. 정말 별이 행성을 잡아먹을까. 1999년 NASA가 발표한 바에 따르면 우리은하의 별 가운데 4~8%가 주변 행성을 잡아먹은 특징을 보인다. 즉 우주망원경연구소 마리오 리비오 박사팀은 거대한 별이 목성 같은 거대행성을 삼키면 적외선이 과도하게 나오고 빠르게 자전하며 목성형 행성에서 공급한 리튬이 발견된다고 밝혔다.

우리 태양은 어떨까. 태양은 중심핵에서 수소를 다 태우면 중력이 작용해 쪼그라들지만 내부 온도가 올라가면서 핵을 감싼 껍질에 남아있던 소량의 수소를 태운다. 이 과정에서 태양은 지금보다 100배쯤 팽창하며 적색거성이 된다. 이때 수성과 금성은 태양에 먹힌다는 것이 과학자들의 공통된 의견이다. 예를 들어 수성은 거대한 태양 품에 안겨 바깥쪽 대기와 마찰을 일으키고 완전히 증발할 때까지 나선을 그리며 안쪽으로 빨려 들 것이다.

거대한 별이 목성 같은 행성을 집어 삼키는 상상도. 50억 년 뒤 지구는 지금보다 100배 커진 태양에 먹힐 가능성이 있다.

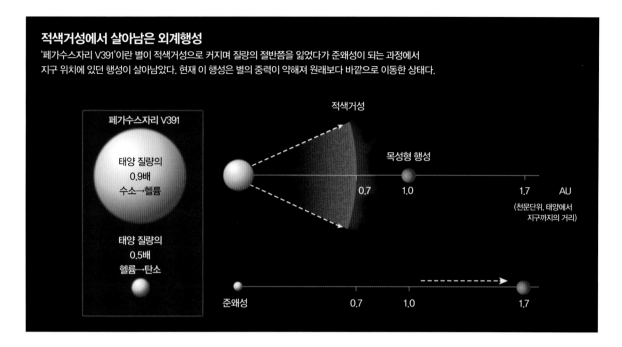

적색거성에서 살아남은 외계행성

'페가수스자리 V391'이란 별이 적색거성으로 커지며 질량의 절반쯤을 잃었다가 준왜성이 되는 과정에서
지구 위치에 있던 행성이 살아남았다. 현재 이 행성은 별의 중력이 약해져 원래보다 바깥으로 이동한 상태.

미국 아이오와주립대 리앤 윌슨 박사팀은 2000년 미국과학진흥협회(AAAS) 연례회의에서 태양이 적색거성이 돼 크기가 커지면 지구가 증발해 최후를 맞이할 것이라고 발표했다. 즉 태양에서 부풀어 오른 대기가 지구를 태워버리고 그 재가 우주공간으로 흩어질 것이라고 밝혔다. 윌슨 박사팀은 태양과 비슷한 별이 탈바꿈한 다른 적색 거성을 연구한 결과를 이용해 지구의 운명을 계산했다.

비록 생명체까지는 아니더라도 지구 자체가 구원받을 가능성이 있다. 지구가 현재의 위치를 고수한다면 불타버릴 것이기 때문에 지금보다 태양에서 멀어져야 한다. 별 주변을 돌고 있는 외계행성 중에는 지나가는 다른 별의 중력 때문에 궤도가 뒤틀린 사례가 종종 발견된다.

2000년 NASA 에임스연구소 그레고리 롤린 박사팀은 이에 착안해 미래에 태양 주변을 지나가는 별의 영향을 시뮬레이션해 행성과학 분야 국제저널 '이카루스'에 발표했다. 시뮬레이션 결과 연구팀은 앞으로 35억 년에 걸쳐 태양 근처를 지나가는 별이 지구를 태양계에서 쫓아낼 확률을 10만분의 1이라고 계산했다. 이 확률은 작아 보이지만 로또 1등에 당첨될 확률보다 훨씬 높다.

지구가 태양계에서 '우주의 오지'로 쫓겨난다면 상당히 추운 곳에 머물 가능성이 높다. 롤린 박사팀은 지구가 이런 곳으로 밀려난 지 100만 년쯤 지나면 바다는 단단하게 얼지만 심해저 열수 분출구 같은 곳에서 에너지를 얻는 일부 생명체는 30억 년까지 살아갈 수 있다고 추정했다.

지구가 현재 궤도에서 밖으로 밀려나면서 살아남을 수도 있다. 2007년 이탈리아 카포디몬테 천문대의 로베르토 실보티 박사팀은 태양과 비슷한 별이 적색거성을 거쳐 준왜성(subdwarf)이 되는 과정에서 살아남은 행성을 발견했다고 '네이처' 9월 13일자에 발표했다. 지구에서 4500광년 떨어져 있는 '페가수스자리 V391'이란 별을 돌고 있는 이 행성은 목성보다 3배가량 무거운 가스행성으로 밝혀졌다.

흥미롭게도 이 행성은 V391이 적색거성으로 부풀며 질량의 절반쯤을 잃어버리기 전, 별에서 1AU(천문단위, 태양에서 지구까지의 거리)만큼 떨어져 있었다고 실보티 박사팀은 분석했다. 이는 지구 거리에 있던 행성이 적색거성에서 살아남을 수 있다는 사실을 보여 주는 결과다. 현재 이 행성은 원래 위치에서 70% 정도 밖으로 밀려난 상태로 알려졌다.

연구팀에 참여한 미국 아이오와주립대 스티브 카왈러 교수는 "이는 먼 미래에 지구의 생존에 대한 좋은 조짐이지만, 이 행성은 목성보다 더 커 살아남은 것"이라며 "지구처럼 작은 행성이라면 더 취약할지 모른다"고 말했다. 실보티 박사는 "태양이 적색거성이 될 때 수성과 금성은 태양에 먹히는 반면 화성은 살아남을 것"이라며 "하지만 지구는 경계구역에 위치해 그 운명이 불확실하다"고 밝혔다.

태양계 최후의 날

● 50억 년 뒤 100배 커진 태양에 먹힌다?

지구는 증발?

미래의 지구는 불타거나 얼어 버리기 전에 바다가 먼저 증발해 전체가 사막처럼 말라 버릴지도 모른다. 메마른 지구가 세 번째 미래의 모습이다. 사실 태양은 적색거성이 되기 전에도 시간이 지남에 따라 점차 에너지를 많이 뿜어낸다. 과학자들에 따르면 태양은 10억 년 뒤 지금보다 11% 더 밝아지고 35억 년 뒤 지금보다 40% 더 밝아진다.

미국 펜실베이니아주립대 제임스 캐스팅 교수팀은 2000년 AAAS 연례회의에서 태양이 밝아짐에 따라 지구의 온도가 올라가서 약 10억 년 뒤 바다가 증발해 우주로 사라질 것이라고 발표했다. 더구나 캐스팅 교수팀은 지구의 황량한 최후가 더 일찍 올지 모른다고 경고했다.

지구의 기후가 뜨거워지면 대기에는 바다에서 증발한 수증기가 떠다니고 그 수증기가 비로 내리며 암석을 풍화시킬 것이다. 이때 대기의 이산화탄소가 함께 녹아 있어 탄산칼슘이 만들어진다면 대기의 이산화탄소 농도는 떨어질 것으로 예상된다. 결국 이산화탄소 농도가 너무 낮아져 식물이 광합성을 못하고 대부분 죽으며 먹이사슬이 붕괴되는 시기가 올 것이다. 연구팀은 5억 년 뒤에 이런 일이 일어날 것이라고 예측했다. 캐스팅 교수는 계산이 정확하다면 지구에 생명체가 살 수 있는 기간은 45억 년이 아니라 5억 년뿐이라고 밝혔다.

이런 상황이라면 인류가 살기 위해서는 지구를 떠나 새로운 보금자리를 찾거나 지구를 태양에서 멀리 떨어진 곳으로 강제로 옮겨야 한다. 미국 미시건대 프레드 애덤스 박사팀은 2001년 거대한 우주암석의 궤도를 바꿔 지구를 구하는 방법을 연구해 국제저널 '천체물리학과 우주과학'에 발표했다. 연구팀은 지름 100km짜리 소행성(또는 혜성)을 갖고 궤도를 바꾸는 시뮬레이

션을 했다.

먼저 궤도를 바꿔 지구로 향하는 데 소량의 에너지가 드는 소행성을 찾는 게 좋다. 소행성에 역추진로켓을 장착해 지구 근처로 향하는 궤도로 바꾼다.

지구는 소행성이 지나갈 때 궤도 에너지를 얻어 태양에서 약간 더 멀리 이동할 수 있다. 이는 우주탐사선을 행성 주변으로 지나가게 하며 더 빠른 속도를 얻게 하는 추진 방식과 비슷하다. 다음으로 이 소행성의 궤도를 기다란 타원으로 만들어 6000년마다 한 번씩 지구 근처에 찾아올 수 있게 한다. 그러면 매번 지구는 수km씩 태양에서 멀어질 것이고 결국 수백만km까지 멀어질 수 있다. 물론 지구 궤도를 바꾸려면 수백만 년 전부터

준비해야 한다. 만일 수십억 년 동안 이런 시도를 한다면 태양으로부터 지구의 거리를 50% 증가시킬 수 있다.

소행성으로 지구의 공전궤도를 정확하게 조절하기란 쉽지 않다. 애덤스 박사팀은 엄밀하게 계획해 실행하지 않으면 뜻밖의 부작용이 생길 수 있다는 것을 이 방법의 문제점으로 들었다. 예를 들어 의도하지 않게 달을 잃어버리거나 지구를 옮길 공간을 마련하기 위해 화성도 이동시켜야 할지 모른다. 특히 소행성이 매번 지구에서 1만 6000km 떨어진 곳을 지나게 해야 한다는 점이 큰 부담이다. 이 거리는 우주 차원에서 본다면 굉장히 간발의 차이라 자칫 실수하면 거대한 소행성이 지구를 강타해 인류가 멸망할지도 모르기 때문이다.

아니면 인류가 수억 년 뒤 과학기술을 눈부시게 발전시켜 지구를 떠나 다른 행성에서 보금자리를 찾게 될지도 모른다. 그때가 되면 지구는 후대의 젊은이들이 수학여행 삼아 찾아와 자신들의 근원을 배우는 유적지가 되지 않을까.

태양계의 화성과 목성 사이에는 지름이 1km 이상인 소행성만 100만 개나 포함된 소행성대가 있다. 사진은 별 주변을 돌고 있는 소행성대의 상상도.

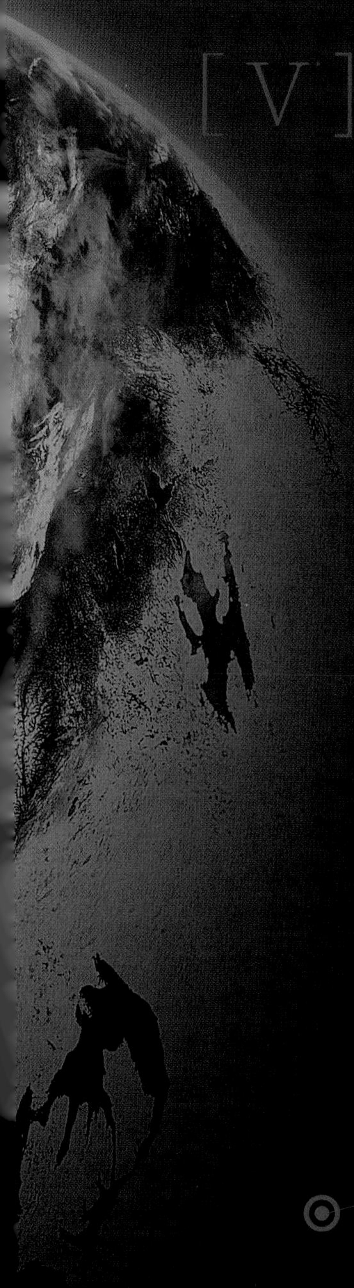

[Ⅴ] 제2의 태양계는 있을까

"인류가 오랜 기간 동안 생존하기 위해서는 행성 하나에만 머물러서는 안 된다.
언젠가 소행성 충돌이나 핵전쟁 같은 재앙이 일어나면 인류가 멸망할 수 있기 때문이다.
그러나 우리가 우주로 퍼져 나가 지구 이외의 개척지를 확립한다면 미래는 안전할 것이다.
태양계 안에는 지구와 같은 행성이 없다. 따라서 우리는 다른 별로 떠나야 한다."
천문학자 스티븐 호킹 박사는 언젠가 인류를 향해 이와 같은 경고를 전했다.
태양계의 종말이 가다오는 날 인류는 어떤 수단을 강구할 것인가.
과학기술력이 충분하다면 인류는 제2의 지구를 찾아 태양계를 떠날 것이다.

태양계

◎ 2. 우주 끝까지 외계행성 찾는다

◎ 1. 태양계 내 또다른 종족의 자취

● 1. 태양계 내 또다른 종족의 자취

태양계엔 우리뿐일까?

우리 태양계를 구성하고 있는 행성과 위성, 그리고 혜성들은 우주생물학에서 가장 손에 넣기 쉬운 표본집단이다. 크기가 15조km인 태양계에는 다양한 환경과 조건을 가진 조사 대상이 있으며, 이들은 태양계와 외계생명을 이해하는 바탕이 될 것이다. 과거 태양계 마지막 행성으로 여기던 왜행성 명왕성까지 현재 비행기술로 10년 이내에 도달할 수 있을 만큼 태양계는 우주 규모에서 보면 비교적 작은 편이다.

아직 이런 태양계 내에서 우리의 탐사선들은 어떠한 생명체도 발견하지 못했다. 우주개발 초기의 태양계 탐사는 태양계의 구성원에 관한 가장 기본적인 정보를 획득하기 위한 수준에 머물렀다. 천체망원경을 통해 지구의 두꺼운 대기를 뚫고 우리의 동공에 맺혀진 신기루 같은 행성과 위성들의 참모습을 살펴보고자, 가능한 가까이 다가가 기념사진을 찍어 보고 몇가지 관측

장비로 스쳐 지나가며 주마간산 식으로 살펴보는 정도밖에 탐사하지 못했다.

앞으로는 더욱 발전된 우주과학기술을 이용해 만들어진 탐사선이 우주생물학자들에게 만족할 만한 답을 제공할 것이다. 우주생물학자들이 눈여겨보고 있는 태양계 내 생명체 존재의 후보지로는 물이 있거나 그럴 가능성이 있는 '화성'과 목성의 위성 '유로파', 토성의 위성 '타이탄', 태양계의 방랑자 '혜성'이다. 이들 바이오 타깃을 향해 NASA와 ESA, JAXA 등에서는 이전처럼 먼 곳에서 바라만 보는 것이 아니라, 손안에 놓고 만져 보고 살펴보는 그야말로 '식스 센스'(육감)까지 총동원한 탐사가 펼쳐질 전망이다. 이 중 단연 하이라이트는 이른바 '샘플 리턴 계획'으로 외계물질을 지구의 실험실로 가져오는 계획이다. 우주의 열악한 조건과 제한된 실험장비가 아닌 정밀하고 다양한 실험장비와 전세계 과학자들의 협력을 통해 생명체를 찾아낼 것이다.

2008년 화성에 착륙한 피닉스는 화성에서 물을 확인했다.

제2의 태양계는 있을까

● 1. 태양계 내 또다른 종족의 자취

화성인 존재 가늠할
암석, 2030년대
손안에

역시 가장 관심가는 대목은 '화성인'의 존재 여부다. 수많은 화성탐사(2011년까지 42회 중 18회 성공)에도 불구하고 화성인의 정체는 속시원하게 드러나지 않고 있다. 미국 마리너6, 7호의 근접 사진 촬영도 이에는 역부족이었고, 1975년 생명실험장치를 싣고 지표면에 착륙한 미국 바이킹1, 2호의 조사도 일단 화성에는 '거주인 없음'으로 결론을 내려야만 했다.

바이킹1, 2호가 가져간 조잡한 3개의 생명탐지기로 화성에서 시험한 결과는 논란의 대상이 됐다. 따라서 더욱 개량된 차세대 탐사선을 화성으로 보내는 일은 당연하다. 하지만 1980년 이후 NASA의 예산은 대부분 우주왕복선과 관련된 분야에 집중됐고, 행성탐사선 제작에 필요한 예산을 확보할 수 없었다. 그래서 언제나 화성탐사선의 하이라이트는 생명탐사임에도 불구하고 간접적인 방법으로 탐사가 이뤄지고 있다.

또한 어떤 종류의 생명체라도 알아낼 수 있는 감지기를 제작하는 데는 기술적인 문제도 있다. 바이킹 탐사선에서 제기된 문제가 바로 이것이었다. 우리가 알고 있거나 우리가 생각하는 정도의 생명체탐지기로는 전혀 다른 환경의 생명체, 그것도 살아 움직이는 상태가 아닐 수도 있는 어떤 것을 감지해낸다는 일은 부적절하다는 것이다. 해결책은 단 하나뿐이다. 화성의 샘플을 지구로 가져와 우리가 동원할 수 있는 모든 기술로 다양한 각도에서 살펴보는 것이다.

물론 한 곳의 샘플로는 만족할 만한 결과를 얻지 못할 수 있다. 실제 월면 탐사에서도 러시아의 무인계획과 미국의 유인계획을 비교해볼 때, 미국의 우주인이 러시아의 로봇에 비해 더욱 쓸만한 샘플을 찾아왔다. 여기에는 단순히 기술적인 면뿐 아니라, 인간의 영감 또한 작용한 것이다. 아폴로15호의 우주인 제임스 어윈이 달에서 특이한 돌을 가져왔던 적이 있다. 이 돌은 지구와 달이 형성되던 초기의 돌로 밝혀져 '창세기의 돌'로 불렸

다. '창세기의 돌'은 우주탐사에서 인간 영감의 중요성을 보여 주는 좋은 예가 된다.

화성생명체 논란에 종지부를 찍으려면 아직 많은 시간을 기다려야 한다. 하지만 점점 더 그 비밀을 파헤쳐 가고 있는 것이 사실이다. 먼저 2005년에 ESA가 개발한 '화성특급'이 화성의 북극 근처의 크레이터 속에 있는 얼음의 존재를 발견하는 쾌거를 시작으로 2007년에는 미국의 화성 로버인 스피릿이 소형 드릴을 이용하여 물 분자가 들어 있는 물질을 조사하는데 성공한 바 있다. 그뿐 아니라 2008년에는 피닉스도 로봇팔을 이용하여 흙을 걷어내고 그 밑에 있는 얼음의 존재를 찾아내기도 했다. 즉 이제 겨우 화성에서의 물의 존재에 대한 여러 증거들로 확신을 가졌다는 것이다.

하지만 물의 존재를 넘어서 그 속에 활동하는 생명체를 찾기에는 더욱더 미시적인 조사가 있어야만 한다. 이에 2005년에 발사된 90cm 정도의 지형을 판별해낼 수 있는 고성능의 카메라를 가진 '화성 정찰위성'이 궤도상에서 거시적 탐사와 지표면에서의 미시적 탐사의 중간역할을 수행하고 있다. 이 정찰궤도선의 정보를 바탕으로 2012년에는 화성에 착륙해 물과 생명체 조사의 임무를 띤 화성과학실험실 '큐리오시티' 로버가 2020년대까지 활약한 바가 있다. 2021년에는 큐리오시티보다 규모가 큰 퍼시비어런스 로버가 화성에 착륙한 뒤 물과 생명체의 흔적을 탐사하며 화성의 샘플을 채취하고 있다. 이후 2030년대에는 화성 샘플을 실은 귀환선이 지구로 돌아올 것으로 예상된다.

❶ 2007년 드릴을 이용해 화성의 지표면을 조사한 스피릿.
❷ 큐리오시티 로버가 바퀴로 화성 표면을 다니며 여러 가지 장치로 과학 실험을 수행하는 상상도.

1. 태양계 내 또다른 종족의 자취

우주에서 찾는 생명의 기원

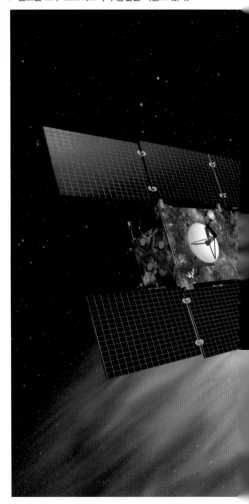

2006년 NASA의 과학자들은 스터더스트의 경로를 바꿔 두 번째 임무를 부여했다. 바로 딥임팩트가 조사한 템플1 혜성을 다시 조사하는 것. 스타더스트는 2011년 2월 템플1 혜성에 접근해 72장의 사진을 찍어 전송한 뒤 연료를 모두 소모하고 우주공간을 떠돌고 있다.

행성 이외의 위성에서 대기의 존재 가능성이 제기된 것은 1944년 제라드 카이퍼에 의해서다. 특히 토성에서 가장 크고, 태양계 내에서 두 번째로 큰 위성인 타이탄이 대기를 갖고 있음을 제기했다. 타이탄의 대기가 오렌지색 안개로 보이는 이유는 유기화합물 때문으로 생각됐고, 칼 세이건을 비롯한 많은 과학자가 타이탄에 생명체가 존재할 가능성을 주장했다. 온도가 매우 낮아 생명체가 존재할 가능성이 적지만, 내부에서 방출되는 열로 표면이 데워져 있을 경우 생명체의 존재 가능성을 전혀 배제할 수 없기 때문이다.

이를 밝히기 위해 NASA는 토성탐사선 카시니를 파견했다. 카시니호는 타이탄을 조사할 독립된 소형 탐사선 하위헌스가 따로 부착돼 있었다. 하위헌스는 한 번도 보지 못한 타이탄의 지표에 관한 정보를 보내오는 성공을 거두었다. 탐사 결과 마른 강바닥 같은 것이 존재함을 밝혔지만 생물체 존재에 관한 증거를 찾아내는 데는 실패했다.

카시니호보다 앞서 지난 1995년부터 2003년까지 궤도형 탐사선 갈릴레오호가 목성과 그 위성들에 대한 조사를 진행했다. 이 과정에서 갈릴레오호는 목성의 위성인 유로파의 표면이 엄청난 얼음으로 덮여 있고 지하에 지구처럼 내핵이 존재한다는 사실을 밝혔다. 특히 표면이 얼음균열로 덮여 있기 때문에 표면 밑에 액체상태의 물이 있을 가능성이 높다. 이 사실은 유로파에서 생명체 탐색을 시도하기에 충분한 증거로 인정되고 있다. 만약 유로파에 생명이 있다면 생명은 태양빛이 들어가지 않는 깊숙한 바다에 있는 열수구 근처에 사는 정도의 지구생명체와 유사할 것이다.

미국항공우주국, 유럽우주국은 앞다퉈 목성 위성인 유로파를 탐사하려는 계획을 내놓았다. 유럽우주국이 제안한 '유로파 목성 시스템' 탐사선은 연구

단계에서 취소됐지만, 미국항공우주국이 제안한 '유로파 클리퍼' 탐사선은 2024년 발사될 예정이다. 순조롭게 진행된다면, 유로파 클리퍼는 2030년대에 유로파를 근접 통과하며 표면의 얼음을 조사하게 된다. 이후 유로파에 착륙해 얼음 표면 아래를 뚫고 들어가 액체 상태의 물이 존재하는지, 생명체가 존재하는지 확인할 탐사선이 이어질 것으로 예상된다.

우주생물탐사에서 가장 주목하고 있는 대상은 태양계의 방랑자 '혜성'이다. 지구생명의 기원을 밝혀줄지도 모르기 때문이다. 1976년에 영국 카디프대 수학 및 천문학 교수인 찬드라 위크라마싱헤와 프레드 호일이 처음 주장한 '외계생명체론'에 의하면, 태양계의 형성 초기에 지구 주위를 떠돌던 혜성이 지구를 방문했고, 이 방문에 지구

생명의 기원이 되는 '원시생명체' 조상이 동행했다고 한다. 태양계의 탄생 초기에 지구로 날아온 '더러운 눈뭉치'에 묻은 우주먼지 입자에는 탄소와 물이 함유돼 있었고, 이를 바탕으로 인체를 구성하는 필수단백질인 아미노산 같은 분자들이 만들어졌다는 주장이다.

이런 가설은 과학기술의 발전으로 수십억km나 떨어진 우주먼지의 화학성분 분석이 가능해져 차츰 과학자들의 관심을 끌기 시작했다. 현재까지 밝혀진 우주먼지의 구성성분은 얼음(물), 일산화탄소, 극미 다이아몬드, 암모니아, 포름알데히드 등 100여 가지에 이른다. 이를 확인하기 위해 NASA는 지난 1999년 혜성이 남기고 간 물질인 '사자자리 유성우'에 관해 외계 물질의 존재 여부, 혜성의 잔해와 지구 대기의 상호 작용으로 인한 생성 물질 등을 조사했다.

그리고 2005년에는 혜성의 표면 조사에서 벗어나 혜성을 향해 포탄을 발사, 혜성 핵의 내부를 조사하는 딥 임팩트 계획을 추진했다. 딥 임팩트호는 템플1혜성에 접근한 후 혜성 핵에 구리포탄을 쐈다. 포탄과 핵이 충돌하면서 크레이터가 생겼고, 이때 우주로 분출되는 물질과 얼음 파편들을 관측하여 혜성의 깊숙한 내면을 살펴보기도 했다.

이에 만족하지 않고 NASA는 혜성 탐사선 '스타더스트'에 '혜성먼지 포획'이라는 특명을 부여해 1999년 2월 7일 우주에 올려놓았다. 스타더스트 호가 수집 대상으로 삼은 혜성은 '빌트2'. 빌트2가 선택된 이유는 태양을 방문한지 얼마 안돼 가장 '신선한' 혜성이므로, 원래의 잔존물이 날아가지 않고 신선하게 유지되고 있을 것으로 보이기 때문이다. 2003년 9월 24일 스타더스트는 총알보다 6배나 빠른 속도로 혜성을 스쳐 지나가며 상봉했다.

탐사의 하이라이트는 '에어로젤'이라는 특수 흡착기를 펼쳐 혜성에서 떨어져 나오는 입자를 흡수하는 작업이다. 에어로젤에는 수천분의 1g 정도의 입자가 모일 것이다. 아주 소량이긴 하지만 1000여 개 이상의 입자만 수집된다면 완벽한 과학적 조사가 이뤄질 수 있을 것이다.

혜성의 먼지 입자를 담은 귀환 캡슐은 약 16억km를 날아 지구로 돌아온다. 발사한 지 7년 만에 지구로 돌아오는 회수 캡슐은 2006년 1월 16일에 미국 유타주 사막에 안전하게 착륙했다. 스타더스트가 채취해 온 물질은 정확한 실험을 하기에는 매우 적은 양이었다. 하지만 이 우주먼지 속에서 철과 크롬, 망간, 니켈, 구리, 갈륨같은 새로운 물질이 발견됐다. 지구상의 무거운 원자들 대부분이 우주먼지에서 왔으며 이들이 지구상의 생명탄생에도 일정 부분 중요한 역할을 했다는 증거를 찾은 것일 수도 있다.

ESA에서 2004년 발사한 로제타 탐사선은 2014년 추류모프−게라시멘코 혜성에 도착해 소형 착륙선 필레를 표면에 착륙시키는 데 성공하기도 했다. 이후 로제타가 보내온 각종 자료를 분석해 연구하고 있다. 인류는 로제타석을 통해 고대 이집트 문명의 비밀을 풀 수 있었던 것처럼 혜성을 통해 생명의 시작에 관한 많은 비밀을 알게 될지도 모른다.

2. 우주 끝까지 외계행성 찾는다

또다른 태양계는 어디에?

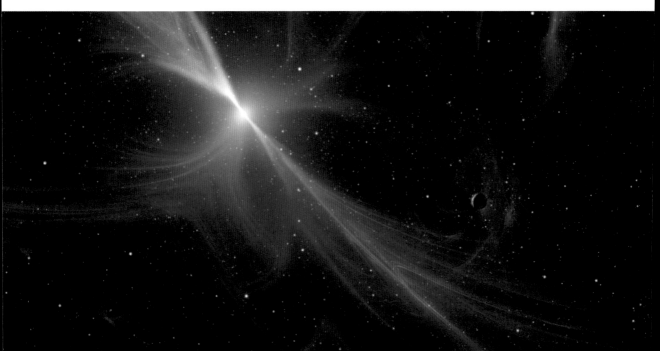

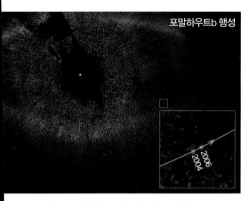

포말하우트b 행성

포말하우트는 남쪽물고기자리에서 볼 수 있는 별로, 2008년 허블우주망원경의 코로나그래프로 관측한 결과 행성이 발견됐다. 포말하우트b로 명명된 이 행성은 포말하우트에서 대략 115AU 떨어진 곳에서 공전하고 있다.

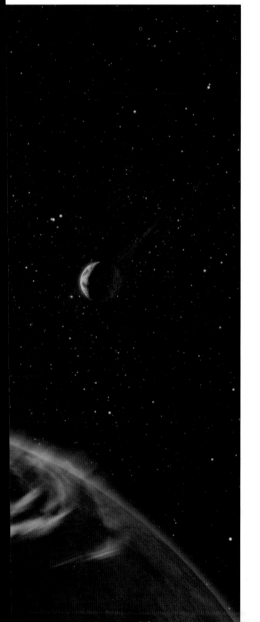

태양계에는 태양을 돌고 있는 행성과 그 행성 주위를 공전하는 위성이 수십 개나 있다. 태양계가 우주에서 유독 유별난 게 아니라면 행성이 있는 별이 어딘가에 또 있다고 생각하는 편이 옳다. 천문학자들은 천체망원경을 이용해 태양계 밖에서 별 주위를 공전하는 외계행성을 꾸준히 찾아 왔다. 1992년 중성자별인 펄서에서 나오는 전파신호의 미세한 변화가 그 주위를 돌고 있는 행성에 의한 효과라는 것이 밝혀지면서 최초의 외계행성으로 공식 인정을 받았다. 그리고 2010년 10월 말에는 이미 약 500여 개의 외계행성이 발견됐다.

이런 외계행성은 어떻게 찾는 걸까. 먼저 최초로 외계행성을 발견한 방식인 '극심 시각 측정법'에 대해 알아보자. 규칙적으로 밝기가 변하는 별이 있다고 하자. 별빛이 최대 밝기에서 최소 밝기로 바뀌는 데 걸리는 시간은 일정하다. 그런데 이 별에 행성이 있으면 별과 행성은 둘의 질량 중심 주위를 서로 마주보며 공전한다. 태양과 지구도 질량 중심을 마주 보며 공전한다. 다만 질량의 차이 때문에 태양이 움직이는 정도가 너무 작아 눈에 잘 띄지 않을 뿐이다.

이렇게 행성의 중력에 의해 별이 움직이면 지구에서 별까지의 거리는 가까워졌다 멀어지기를 반복한다. 원래는 일정한 주기에 따라 밝기가 변하는 별이지만 거리가 바뀌면 지구에서는 빛이 도착하는 데 걸리는 시간에 차이가 생겨 밝기가 변하는 주기가 일정하지 않게 보인다. 이 시간의 차이를 관측하면 별 주위에 행성이 있는지를 밝힐 수 있다.

최초의 외계행성이 발견된 펄서는 매우 규칙적인 전파 신호를 방출하는데, 이것이 정확한 시계 역할을 했다. 펄서 외에도 맥동 변광성이나 식쌍성이 별빛이 규칙적으로 변하기 때문에 장기간 관측하면 가까이 있는 행성을 발견할 수 있다.

외계행성을 직접 촬영해 확인할 수는 없을까. 지구에서 별까지의 거리는 우리 상상보다 훨씬 멀다. 지구는 태양으로부터 1억 5000만km 떨어져 있다. 자동차처럼 시속 100km의 속도로 간다면 170년 정도 걸리지만 빛의 속도로는 8분이면 도착한다. 8분과 170년만 해도 매우 큰 차이지만, 별까지의 거리는 훨씬 더 멀다. 그래서 별 주위를 공전하는 행성을 별과 구분해 관측하기 어렵다. 뿐만 아니라 별빛을 반사해 빛나는 행성은 별 자체의 빛에 비해 수천만 배 어둡기 때문에, 별과 행성을 동시에 관측하기는 매우 어렵다.

그러나 천문학자들은 초대형 망원경을 사용하여 공간 분해능을 크게 높이고, 적응광학계라는 장비로 지구 대기에 의한 별빛 흔들림을 보정해 거리가 비교적 가까운 이웃별 주위를 공전하는 행성을 촬영하는 데 성공했다. 행성을 촬영할 때는 대부분 별과 행성의 심각한 밝기 차이를 극복하기 위해 코로나그래프라는 특수 장비로 별빛을 가리고 행성만 찍는다.

● 2. 우주 끝까지 외계행성 찾는다

도플러 효과로 별의 속도 측정

지금까지 외계행성의 90% 이상은 '시선속도 측정법'으로 발견했다. 별빛의 스펙트럼을 촬영하는 고성능의 분광기로 별의 분광선 자료를 얻은 뒤, 도플러 효과(파동을 발하는 물체와 관찰자의 상대 속도에 따라 진동수와 파장이 바뀌는 현상)를 이용해 별이 우리의 시선 방향에서 멀어지거나 가까워지는 속도(시선속도)를 측정한다. 앞서 말했듯이 행성이 있는 별은 둘의 질량 중심 주위를 공전하기 때문에 지구에서 보면 미세하게 움직인다. 행성의 움직임을 직접 관측할 수는 없지만, 별이 움직일 때 생기는 시선속도 변화를 관측하여 행성의 운동을 유추할 수 있다.

시선속도의 최대값과 최소값의 차이는 별과 행성의 질량과 관련이 있기 때문에 이를 이용해 행성의 질량을 계산할 수 있다. 별 주위를 공전하는 천체가 또 다른 별인지, 매우 어두운 갈색왜성인지 또는 행성인지를 구분하는 가장 중요한 판단 기준이 바로 질량이다. 그래서 행성의 질량을 구하는 것은 매우 중요하다.

'행성횡단에 의한 별빛가림 현상'을 이용해 외계행성을 발견하기도 한다. 별 주위를 공전하는 행성의 공전궤도평면이 우리의 시선방향과 거의 나란하면 행성이 별의 표면을 횡단하는 현상을 관측할 수 있다.

지구보다 안쪽에서 공전하는 금성이나 수성도 태양면을 가로질러 이동하는 모습이 종종 관측된다. 이렇게 행성횡단이 일어나면 행성이 별빛을 가려 어두워진다. 별빛이 어두워지는 정도는 별과 행성의 크기 비율에 따라 달라진다.

행성은 별에 비해 크기가 매우 작아서 가리는 면적도 적기 때문에, 외계행성에 의한 별빛가림 현상은 밝기의 변화폭이 작다. 예를 들면 목성이 태양을 가리는 현상을 외계인이 관측한다고 하면, 목성과 태양의 반지름 차이가 약 10분의 1이기 때문에 태양의 밝기는 약 100분의 1, 즉 1% 정도 변화가 나타난다.

지구가 태양을 가리면 이보다 훨씬 적은 0.008% 정도만 밝기가 변한다. 이 방법으로는 별인지 행성인지를 판단하는 기준인 질량을 구할 수 없다. 하지만 시선속도 관측을 추가하면 행성의 크기와 밀도를 정확히 측정할 수 있다.

측성학적 방법도 행성을 찾는 데 쓰인다. 측성학적 방법은 천구 위에서 별의 위치를 정밀하게 관측해 별의 공전을 파악하고 이로부터 행성의 움직임을 유추하는 원리다. 아직까지는 별의 위치 관측이 충분히 정밀하지 못해 행성을 발견한 실적은 없지만, 향후 별의 위치를 정확히 측정할 수 있는 우주망원경이 설치되면 이 방법으로도 외계행성을 찾을 수 있을 것이다.

중력렌즈 현상을 이용해 외계행성을 발견할 수도 있다. 거리가 다른 2개의 별이 우리의 시선방향과 정확히 나란히 있다고 생각해 보자. 멀리 떨어진 별에서 오는 빛은 가까운 별의 중력으로 인해 휘어 밝게 보인다. 이것이 중력렌즈 현상이다.

우리에게서 가까이 있는 별이 렌즈 역할을 해서 멀리 있는 별의 빛까지 모아 주기 때문에 '중력렌즈'라는 이름이 붙었다. 별은 제각기 움직임이 다르기 때문에 별 두 개가 시선 방향에 나란히 위치해 중력렌즈 현상을 일으키는 시간은 며칠 정도로 짧은 편이다.

별 두 개가 정확히 일치하는 때를 전후해 관측하면 중력렌즈 현상에 의한 밝기 변화는 대칭이 된다. 그러나 지구에 가까운 별에 행성이 있다면 행성이 별의 중력장에 흠집을 내기 때문에 대칭적인 밝기 변화에서 일부 특이한 왜곡현상이 관측된다. 별과 행성의 위치, 질량 등 여러 개의 변수를 조정해 중력렌즈

현상에 의한 밝기 변화 모형을 만들고, 왜곡현상이 관측된 자료와 비교하면 외계행성의 존재 여부를 알 수 있다.

이제까지 설명한 방법은 각각 특징이 있다. 별에 가까이 공전하는 행성은 분리해 관측하기 어렵다. 그래서 직접 촬영하는 방법으로는 별에서 비교적 멀리 떨어져 공전하는 행성을 주로 찾는다. 반대로 시선속도 측정법이나 행성횡단에 의한 별빛가림 현상을 이용하는 방법은 별에 가까이 있는 행성을 잘 찾는다. 별과 가까운 행성이 공전주기가 짧고 별빛을 가릴 수 있는 확률이 높기 때문이다. 극심 시각 측정법은 행성의 질량으로부터 추정할 수 있는 극심 시각의 변화폭이 매우 적어서 오랫동안 정밀한 관측이 필요하기 때문에 외계행성을 발견할 가능성이 높지 않은 편이다. 중력렌즈 현상을 이용한 방법은 2개의 별이 중력렌즈 현상을 일으킬 확률이 매우 희박하기 때문에 수천만 개의 별들을 정밀하게 관측해야 외계행성을 발견할 수 있다.

2009년 발사된 케플러우주망원경은 태양계 밖에서 지구와 같은 암석 행성을 찾고 있다. 외계행성을 찾는 데는 '행성횡단에 의한 별빛가림 현상'을 이용한다.

지구에서 약 41광년 떨어져 있는 별, HD69830에 있는 행성의 상상도. 2005년 칠레에 있는 유럽남반구 천문대는 HD69830에서 행성 3개를 발견했다. HD69830에는 먼지 원반이 있어 이 별의 행성에서 바라보는 밤하늘은 먼지에 반사된 빛으로 환하게 빛날 것이다.

● 2. 우주 끝까지 외계행성 찾는다

생명이 있을 조건은?

인류 또는 지구의 생명체가 살기에 좋으려면 행성은 어떤 조건을 갖춰야 할까. 천문학자들은 별 주위를 공전하는 행성을 찾을 뿐만 아니라 그 행성의 환경이 어떤지를 알아내기도 한다. 가장 큰 관심사는 역시 생명체가 존재할 수 있는지, 혹은 사람이 가서 살 수 있는지의 여부다.

가장 중요한 판단 기준은 행성의 온도다. 행성이 너무 차갑거나 뜨거우면 생명체에 필수적인 액체 상태의 물이 있기 어렵다. 또한 질소, 탄소, 산소 등 유기물을 만드는 원소가 있어야 한다. 행성의 온도는 별의 온도와 별로부터 떨어진 거리에 따라 결정된다.

2010년 발견된 글리제581g는 태양보다 훨씬 차가운 별 주위를 돈다. 따라서 생명체가 있으려면 행성의 공전 반지름이 지구보다 짧아야 한다. 글리제581g는 모성인 글리제581에 가까워 공전주기가 지구에 비해 10분의 1 정도인 약 37일이다. 별에서 행성까지의 거리는 일반적으로 행성의 공전주기로 계산할 수 있다. 행성의 공전주기가 짧을수록 별까지 거리가 가깝다.

행성의 질량은 시선속도 측정법과 같은 대부분의 외계행성 찾기 방법으로 알아낼 수 있다. 질량이 별과 행성을 나누는 가장 기본적인 분류 기준이기 때문이다. 또한 일반적으로 목성과 같이 무거운 행성은 가스행성, 지구와 같이 가벼운 행성은 암석행성으로 판단한다. 가스행성과 암석행성을 구분할 수 있는 가장 정확한 방법은 행성의 밀도인데, 밀도를 알아내기 위해서는 질량과 크기가 필요하다. 행성횡단에 의한 별빛가림 현상을 관측하면 행성의 크기를 비교적 정확히 계산할 수 있다. 따라서 별빛가림 현상이 나타난 행성만 가스행성인지 암석행성인지 정확히 알 수 있다.

별빛가림 현상으로 행성을 발견하면 행성의 대기를 이루는 물질에 대한

별의 거리 구하는 법

별의 거리는 연주시차를 이용하면 구할 수 있다. 연주시차는 아래 그림에서 지구와 별, 태양과 별을 잇는 두 직선 사이의 각도를 말한다. 별이 태양에서 멀수록 각도가 작아진다. 이 각도가 1/3600°일 때 별의 거리가 1파섹(3.26광년)이다.

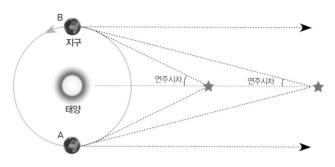

적색왜성 주위를 돌고 있는 행성의 상상도. 적색왜성은 수명이 매우 길어 생명이 진화할 수 있는 시간을 제공해 주지만, 별에서 나오는 에너지가 적고 불규칙적이라 생명이 진화하는 데 적합하지 않을 수도 있다.

정보도 얻을 수 있다. 먼저 초대형망원경과 고성능 분광기를 이용해 해당 별을 분광 관측한다. 여기서 나온 관측 결과 중에서 별과 행성이 둘다 보일 때와 행성이 별 뒤로 숨어서 보이지 않을 때의 자료를 정밀하게 비교해 행성 대기에 질소, 탄소, 산소 등과 같이 유기물과 연관된 원소가 있는지를 알아내는 것이다.

행성의 나이는 별의 나이로 추정한다. 행성은 별이 태어난 뒤에 생기기 때문에 별의 나이보다 약간 젊다고 보면 된다. 원시별에서 보이는 가스 원반에서는 새로운 행성이 만들어질 수 있기 때문에 행성 생성 초기의 모습을 연구하기 위해 이런 가스 원반을 연구하기도 한다. 지금까지의 연구에 의하면 우주 초기에 만들어진 늙고 금속 함량이 낮은 별에서는 행성이 거의 발견되지 않았다. 반대로 비교적 젊고 금속 함량이 높은 별에서 행성이 많이 발견됐다.

인류가 가서 살 수 있는 행성 후보를 선정하는 데 고려해야 할 또 하나의 중요한 요소는 행성까지의 거리다. 지구에서 너무 멀리 떨어져 있다면 그곳까지 가기 어렵다. 이런 이유로 태양과 비교적 가까운 곳에 있는 별에서 지구와 비슷한 환경의 행성을 찾는 것이 매우 중요하다. 지구와 별까지의 거리는 별의 삼각시차를 측정하거나 색과 밝기를 이용해 알 수 있다.

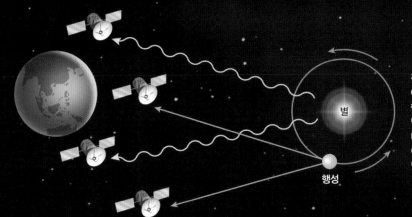

직접촬영법
여러 대의 망원경을 이용해
행성에서 나온 빛(실제로는
별에서 반사된 빛)을 본다. 별에서
나온 강력한 빛을 간섭효과를
이용해 제거하면 행성에서 나온
빛만 볼 수 있다.

행성횡단관측법
행성이 별(태양)의 단면을
지나가면 별에 검은 그림자가
생기며 밝기가 조금 어두워진다.
이 변화를 측정해 행성을
찾아낸다.

중력렌즈관측법
A별에서 나온 빛이 지구에 올 때
질량이 무거운 B별 주위를 지나게
되면 상대성이론에 따라 B별이
마치 렌즈처럼 작용해 A별에서
나온 빛이 꺾인다. 만일 B별을
공전하는 행성이 있다면 A별의
밝기가 다르게 변한다. 이 변화를
측정해 행성을 찾아낸다.

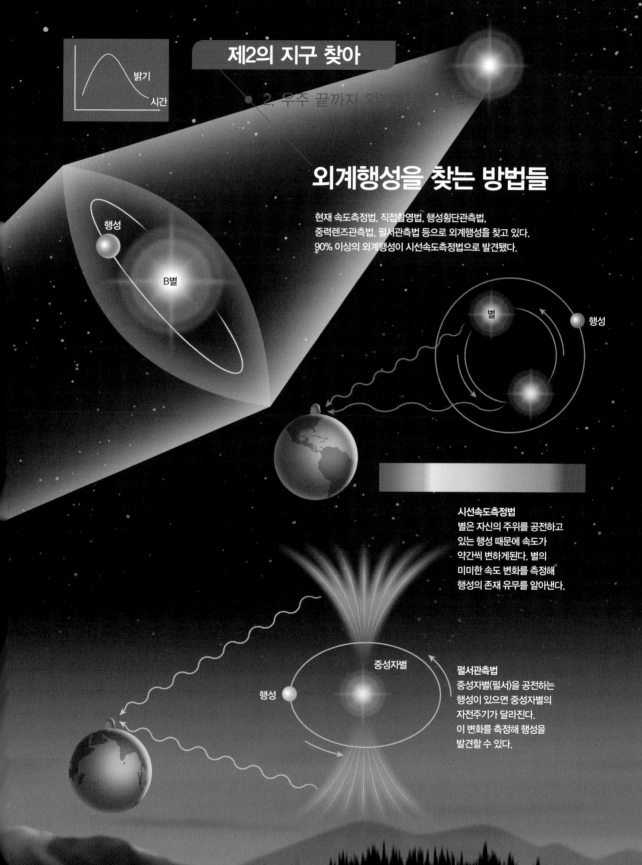

밝기

시간

외계행성을 찾는 방법들

현재 속도측정법, 직접촬영법, 행성횡단관측법,
중력렌즈관측법, 펄서관측법 등으로 외계행성을 찾고 있다.
90% 이상의 외계행성이 시선속도측정법으로 발견됐다.

행성

B별

별

행성

시선속도측정법
별은 자신의 주위를 공전하고
있는 행성 때문에 속도가
약간씩 변하게된다. 별의
미미한 속도 변화를 측정해
행성의 존재 유무를 알아낸다.

중성자별

행성

펄서관측법
중성자별(펄서)을 공전하는
행성이 있으면 중성자별의
자전주기가 달라진다.
이 변화를 측정해 행성을
발견할 수 있다.

과학동아만이 만들 수 있는
융합형 과학 교과서의 보조 자료

이세연(명덕고등학교 교사, 고등학교 과학교과서 집필진)

1 개정 고등학교 과학 교육과정과 융합형 과학 교과서

'개정 과학과 교육과정'의 고등학교 과학은 과학적 소양을 바탕으로 하는 수준 높은 창의성과 인성을 골고루 갖춘 인재 육성을 목표로 한다. 특히 우주와 생명 그리고 현대 문명과 사회를 이해하는 데 필요한 과학 개념을 통합적으로 이해하며 자연을 과학적으로 탐구하는 능력을 기르고, 과학 지식과 기술이 형성되고 발전하는 과정을 이해하는 것이다. 또 자연 현상과 과학 학습에 대한 흥미와 호기심을 기르고 일상생활의 문제를 과학적으로 해결하려는 태도를 함양하며, 과학·기술·사회의 상호 작용을 이해하고, 과학 지식과 탐구 방법을 활용한 합리적 의사 결정을 기른다는 것을 목표로 하고 있다. 이런 목표를 바탕으로 만들어진 것이 7종의 융합형 과학 교과서다.

융합형 과학 교과서는 6개 출판사에서 7종의 교과서가 출판돼 학교에서 쓰이고 있다. 그런데 예전의 과학 교과서와 크게 다른 특징이 하나 있는데, 바로 출판사마다 내용이나 구성에서 조금씩 차이가 있다는 것이다. 이전 교육과정까지는 교과서 검정 시스템에 맞추기 위해 출판사에 관계없이 동일한 내용과 구성으로 교과서가 출판되어야 했지만 교과서 검정 시스템이 '검정'에서 '인정'으로 바뀌면서 출판사마다 조금씩 특징 있는 모습들을 갖출 수 있게 된 것이다. 그 결과 어떤 교과서는 기존 7차 교육과정의 스타일을 많이 담고자 노력하여 실험 및 탐구가 상당 부분 포함되어 있고, 또 다른 교과서는 과학 이야기책을 읽어나가듯이 스토리 중심으로 구성돼 있기도 하다.

하지만 교과서마다 다른 점이 있음에도 불구하고 융합형 과학 교과서들이 공통적으로 갖는 특징도 있다. 바로 내용의 이해를 돕기 위한 풍부하고 섬세한 그래픽과 자료들이다. 우리나라 교과서 역사에 이런 교과서는 없었다. 학생들은 마치 〈과학동아〉와 같은 과학 잡지를 보는 듯한 착각에 빠지기도 한다. 다른 것이 있다면, 평가를 위해 공부해야 한다는 생각으로 인해 편안하게 읽어나가지 못한다는 것이다. 하지만 그것은 융합형 과학 교과서가 아닌 다른 교과목의 어떤 교과서라도 목적에 따라서는 비슷한 상황에 놓일 수 있는 것이다. 결국 교과서를 대하는 학생들의 마음가짐이 달라져야 목표에 맞는 교과서 내용의 전달이 가능한 것이다.

모든 융합형 과학 교과서는 개정 과학 교육과정이 요구하는 내용과 학생들의 평균적인 성취 수준을 고려하여 집필, 제작되었다. 다른 교과목의 교과서도 마찬가지지만 이것은 학생들의 성취 수준에 따라 내용의 이해 정도에 차이가 생길 수 있다는 것을 의미한다. 특히, 기존에 접하지 않던 생소하고 일부는 어려운 내용들이 포함되

어 있는 융합형 과학 교과서의 경우 그 정도는 훨씬 크다. 아무리 자세
한 설명과 풍부한 그래픽, 구체적인 자료를 함께 담았다 하더라도 한정된 지
면이 주는 제약을 극복할 수 있는 방법은 없다. 결국 표현은 집약적일 수밖에 없고 제한된
제작비용의 영향으로 그래픽이나 자료의 양과 질에도 한계가 있을 수밖에 없다.

이로 인한 어려움은 교사와 학생 모두가 똑같이 느끼고 있다. 새로운 내용, 부족하고 정리되지
않은 자료는 교사에게 새로운 교과 내용에 대한 준비에 어려움을 느끼게 한다. 교사들은 교과
서의 내용과 밀접한 관계가 있으며 교사의 궁금함과 학생들의 질문에 답할 수 있는 내용으
로 채워진 충실한 보조 자료를 찾고 있지만, 적합한 것을 찾기란 쉽지 않은 일이다. 학생들
도 마찬가지다. (물론 융합형 과학 교과서를 학습하는 방법의 변화가 필요하지만) 내용의
이해는 물론 여러 평가를 준비하기 위해 교과서와 수업의 부족한 부분을 보완할 수 있는 보
조 자료가 필요하기 때문이다. 하지만 현실은 그렇지 못하다. 교과서 출판사 및 교육청 등에
서 여러 가지 학습 보조 자료를 내놓고 있지만 융합형 과학 교과서가 담고 있는 내용을 감안한
다면 교사와 학생의 필요를 만족시키기가 어려운 것이 현실이다. 그렇기 때문에 〈과학동아〉와 같
이 충분한 데이터베이스를 바탕으로 교과서를 뒷받침할 수 있는 자료를 검색, 분석하여 교수 학습 보
조 자료를 내는 것이 융합형 과학 교과서에는 꼭 필요한 부분 중 하나라고 할 수 있다.

2 두 번째 단원 '태양계와 지구'

첫 단원인 '우주의 기원과 진화'에서 우주의 생태계를 원소의 등장과 함께 알아보았다면, 이제는 그 범위
를 대폭 축소하여 태양계로 들어가 보자. 교과서의 두 번째 단원인 '태양계와 지구' 영역에서는 전체 우주
중에서 우리 인간이 속해 있는 태양계와 지구에 대해서 중점적으로 학습하게 된다. 태양계의 형성 과정과
태양계를 구성하는 행성들의 종류와 성질을 이해하며, 케플러 법칙과 뉴턴의 운동법칙을 통한 기본 역학
개념을 바탕으로 행성의 운동과 대기의 구조 등을 이해하는 것이 목표이다.

2단원도 역시 융합형 과학 교과서의 1부의 큰 스토리인 우주의 탄생에서부터 지구에서의 생명의 존재까지
라는 스토리 라인에 놓여 있다. 즉 1단원인 '우주의 기원과 진화'와 3단원인 '생명의 진화'를 이어주는 역할을

하는 단원이다. 두 번째 단원인 '태양계와 지구'는 다시 태양계의 형성, 태양계의 역학, 행성의 대기, 지구라는 4개의 작은 영역으로 나누어져 있고 태양계의 형성 과정을 이해하는 것부터 시작된다.

태양계의 형성 과정에서는 태양계 형성 과정의 이해를 바탕으로 공전 궤도와 방향, 지구형 행성과 목성형 행성의 특징을 태양계의 여러 특징과 관련지어 설명할 수 있어야 한다. 아울러 태양계 질량의 대부분을 차지하는 태양이 태양계의 중심에 자리 잡고 있으며, 수소의 핵융합 반응에 의해 질량 일부가 에너지로 바뀌고 그중 일부가 지구의 에너지 순환을 일으킨다는 것이 주요 내용이다.

이어서 태양계의 역학은 행성의 운동에 관한 케플러의 법칙을 알고, 뉴턴의 운동 법칙을 이용하여 케플러 법칙을 설명하고자 했다. 이 단원에서 주의할 것은 케플러의 법칙과 뉴턴의 운동 법칙을 다룬다고 해서 이전 교육과정의 방식으로 접근해서는 스토리의 연결이 끊어질 수 있다는 것이다. 행성의 운동에 관한 케플러의 법칙에 대해 알고 어떻게 증명되었는지를 뉴턴의 만유인력 법칙으로부터 이끌어 내고 동시에 두 법칙의 태동에 대해 관심을 갖는 것이 주요한 내용이다. 뉴턴의 운동 제1법칙, 제2법칙, 제3법칙에 관한 고전적 접근은 경계해야 할 방식이라 할 수 있다. 이를 바탕으로 지구와 달의 공전과 자전 그리고 식 현상을 설명하는 것이 두 번째 영역 '태양계의 역학'의 주요 내용이다.

행성의 대기에서도 역학은 계속된다. 이 단원은 지구와 목성, 금성, 화성 등의 대기 성분에 왜 차이가 나는지를 이해하는 것이 목표인데, 행성의 탈출 속도 및 기체 분자의 구조, 끓는점, 분자량, 평균운동에너지 등과 관련지어 이해할 수 있어야 하기 때문이다. 결국 이 영역에서의 주요 목표도 물리, 지구과학적 현상 및 원리를 이용하여 대기 구성 원소의 차이를 이해하는 것이므로 전체 스토리의 중심이 원소라는 것을 기억해야 한다.

태양과 다른 행성에 대한 이야기가 마무리되면 이제 우리가 살고 있는 지구로 들어가게 된다. '지구' 영역에서는 지구의 진화 과정을 통하여 지권, 수권, 기권 등과 같은 지구계 각 권의 형성을 이해하고, 지구가 이처럼 특별한 행성임을 태양계로부터의 거리, 간단한 물질의 분자 구조와 관련지어 이해해야 한다. 나아가 지구의 원소 분포와 주위의 화합물을 주기율과 관련지어 이해하고 지구의 핵에 철이 풍부하며 지구가 자전하므로 지구의 자기장과 이온층이 형성됨을 아는 것이 2단원 '태양계와 지구'의 마지막 목표이다.

3 융합형 과학 교과서 '태양계와 지구'와 과학이슈 하이라이트 '태양계와 지구'

'우주의 기원과 진화' 단원에 비해 상대적으로 익숙한 내용이 많은 두 번째 단원인 '태양계와 지구'의 여러 가지 목표를 달성하기 위한 노력은 일면 수월해 보이고 적어도 교사가 내용을 접하고 수업을 준비하기에는 큰 어려움이 없는 것이 사실이다. 하지만 융합형 과학 교과서의 큰 흐름을 놓치지 않기 위해서는 이전의 개념 위주의 접근 방식을 고집하는 실수를 하지 않는 것이 중요하다. 이 단원의 다양한 목표를 달성하기 위해서도 교과서와 교사 그리고 학생들이 상호 노력이 필요하지만 앞 단원과 마찬가지로 보다 깊고 넓은 내용을 담은 보조 자료가 필요하다. 그런 보조 자료로서 과학동아 스페셜 '태양계'는 가뭄 중의 단비와 같은 역할을 할 수 있을 것이다.

과학이슈 하이라이트 6번째 시리즈인 '태양계와 지구'는 4개의 대단원으로 구성돼 있다.

첫 번째 단원은 'I. 태양계의 형성'으로 1. 태양계와 행성은 동시에 생겼을까?, 2. 미완의 시나리오, 현대 태양계 기원론, 3. 태양계의 형성과 구조의 세 중단원으로 다시 나누어져 있으며 교과서의 '태양계의 형성' 단원에 해당한다. 이 단원에서는 학생들이 종종 묻고 궁금해 하는 태양계와 지구의 형성 시기에 대한 내용부터 현재의 태양계 기원에 대한 이론까지 교과서 보조 자료로서 교사는 물론 호기심 많은 학생들의 필요를 충족시키기에 부족함이 없으리라고 생각된다.

과학이슈 하이라이트 '태양계와 지구'	교육과정
I. 태양계의 형성 　행성은 어떻게 만들어졌을까	태양계의 형성
II. 태양계 식구들 　1. 태양계 탐사선 　2~10. 태양, 수성, …, 천왕성, 해왕성	행성의 대기 지구
III. 위성과 소행성 　1. 달 　2. 목성의 4대 위성과 형제들 　3. 토성의 위성 타이탄 　4. 소행성 　5. 퇴출된 명왕성 　6. 혜성	태양계의 형성
IV. 태양계 최후의 날 　50억 년 뒤 100배 커진 태양에 먹힌다?	
V. 제2의 태양계는 있을까? 　1. 태양계 내 또다른 종족의 자취 　2. 우주 끝까지 외계행성 찾는다.	

두 번째 단원은 'II. 태양계 식구들'이며 1. 태양계 탐사선, 2. 태양, 3. 수성으로 시작해 10. 해왕성까지의 10개 중단원으로 구성돼 있다. 두 번째 단원은 교과서의 행성의 대기 단원과 연관이 있다. 비록 교과서 행성의 대

[I] 태양계의 형성

대부분의 별자리에는 전우주가 1억년가 되는 거품은 형성 과정을 전설했으나, 현재는 여울수의 여러 지역을 관측하여 이로부터 대략의 경과 과정을 짐작할 수 있다. 우주 공간의 성운체에서의 인력의 내분 대부분은 기체이므로 물체이지만 시작되고, 인력의 작용을 공전으로 한다. 인력이 충분한 성운체의 온도가 점차 올라가서 핵융합 반응을 일으키게 되면서 인력의 공전물 작용을 한다. 이러한 과정을 통하여 별이 탄생한다. 태양은 이러한 과정으로 탄생한 수많은 별들 중의 하나이다.

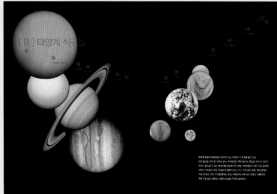

[II] 태양계 식구들

태양계 일원이 이루어진 시기에 약 46억년이 되는 태양과 그 주위를 돌고 있는 여러 행성들, 그리고 수많은 소행성과 위성, 혜성들로 이루어진다.

[III] 위성과 소행성

태양계에는 여러 개의 행성 외에도 많은 위성들과 소행성들이 있다.

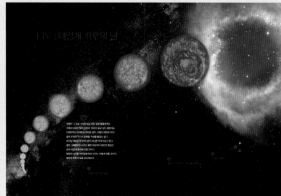

[IV] 태양계 최후의 날

[V] 제2의 태양계는 있을까

기 단원 내용을 완전히 담고 있지는 못하지만, 교과서에서 미처 얘기하지 못했던 많은 얘기들을 하고 있기 때문에 교과서 내용을 학습하고 과학적 소양을 넓힐 수 있는 보조 자료로서 충실한 역할을 할 수 있을 것으로 기대된다.

세 번째 단원은 'Ⅲ. 위성과 소행성'이다. 1. 달, 2. 목성의 4대 위성과 형제들, 3. 토성의 위성 타이탄 4. 소행성, 5. 퇴출된 명왕성, 6. 혜성 등 6개의 중단원으로 구성돼 있으며 태양과 주요 행성들을 제외한 태양계의 나머지 구성 요소들에 대한 이야기이다. 교과서에서는 이 부분에 대한 내용이 많은 부분을 차지하지 않지만 태양계의 형성 단원과 연관 지을 수 있다. 특히 태양계의 주요 행성에는 속하지 않지만 우리에게는 그 어떤 행성보다도 중요한 달에 대한 내용은 교과서가 깊이 다루지 못했던 내용을 소개하는 데 충분한 자료가 될 것이라 생각한다. 또한 천문학의 역사에서 중요한 의미를 갖는 목성의 4대 위성에 관한 다양한 정보들과 소행성, 혜성에 대한 쉽게 접하지 못했던 내용들도 학생들이 태양계를 좀 더 완벽하게 이해하는 데 꼭 필요한 역할을 해줄 수 있을 것으로 기대된다.

네 번째 단원인 'Ⅳ. 태양계 최후의 날'은 태양의 수명이 다할 것으로 예상되는 50억 년 후의 모습을 미리 예상해 보는 것을 통해 별의 죽음에 대한 메시지를 전달하고 있다. 또한 마지막 단원인 'Ⅴ. 제2의 태양계는 있을까?'의 '태양계 내 또 다른 종족의 자취', '우주 끝까지 외계 행성 찾는다'에서는 인류가 찾으려고 노력하고 있는 외계 생명체의 탐사에 관한 내용과 함께 행성에 생명체가 살기 위한 조건을 통해 지구에 어떻게 생명체가 살 수 있는 조건이 조성되었는지에 대해서도 설명하고 있다.

위와 같이 개략적으로 살펴본 융합형 과학 교과서와 본 책 태양계는 모든 내용이 동일하지 않지만 교과서에서 다루지 못한 태양계의 구석구석과 인류의 탐사 노력을 알게 하는 귀중한 자료가 될 것이라 생각한다. 교과서의 '태양계와 지구' 단원에 해당하는 풍부한 자료와 학생들의 필요를 파악하고 눈높이에 맞는 구성을 할 수 있었던 것은 〈과학동아〉의 오랜 노하우가 있었기 때문이다. 앞으로 이어질 '생명과 진화', '건강과 영양', '에너지와 환경', '정보통신과 소재' 에서도 〈과학동아〉의 오랜 경험을 통해 교과서에서 미처 하지 못한 많은 얘기와 정보를 양질의 그래픽과 함께 제공하여 교과서를 이해하는 데 충분한 도움을 줄 수 있는 훌륭한 융합형 과학 보조 자료가 나올 것으로 기대한다.

외부 필진

김승리
한국천문연구원 광학천문연구센터
5부 우주 끝까지 외계행성 찾는다

김용하
충남대 천문우주과학과 명예교수
3부 태양계의 냉동창고, 카이퍼 벨트

김유제
한국천문학회
3부 명왕성 퇴출! 행성이 뭐기에?

김지현
우주과학 작가, 자유기고가
2부 천왕성 발견자 윌리엄 허셜

김동훈
우주과학 작가, 자유기고가
2부 천왕성 발견자 윌리엄 허셜

정홍철
스페이스스쿨 대표, 아마추어 로켓연구가
2부 수성의 이력서, 지옥에서 발견한 오렌지색 하늘,
두꺼운 베일 벗은 여신의 누드, 살아 꿈틀거리는 미니 태양계,
얼음 목걸이 두른 태양계의 꽃미남, 누워서 태양계 누비는 푸른 공,
태양계 강풍 부는 극한지대
5부 태양계 내 또다른 종족의 자취

윤홍식
서울대 물리천문학부 명예교수
2부 수명 100억 년의 거대한 핵융합로

이시우
서울대 물리천문학부 명예교수
1부 행성은 어떻게 만들어졌나

최영준
한국천문연구원 우주과학연구센터
3부 목성의 4대 위성과 형제들

사진 및 일러스트 출처